DER SCHMETTERLINGSKOFFER

Hanna Zeckau und Hanns Zischler

DER SCHMETTERLINGSKOFFER

Die tropischen Expeditionen von Arnold Schultze

Galiani
Berlin

1. Auflage 2010

Verlag Galiani Berlin

Umschlaggestaltung: Hanna Zeckau
Innengestaltung, Satz und Illustrationen: Hanna Zeckau
Lektorat: Esther Kormann
Gesetzt aus der Minion und der Today
Druck und Bindung: Mohn media Mohndruck GmbH, Gütersloh
ISBN: 978-3-86971-024-2

Weitere Informationen zu unserem Programm finden Sie unter www.galiani.de

INHALT

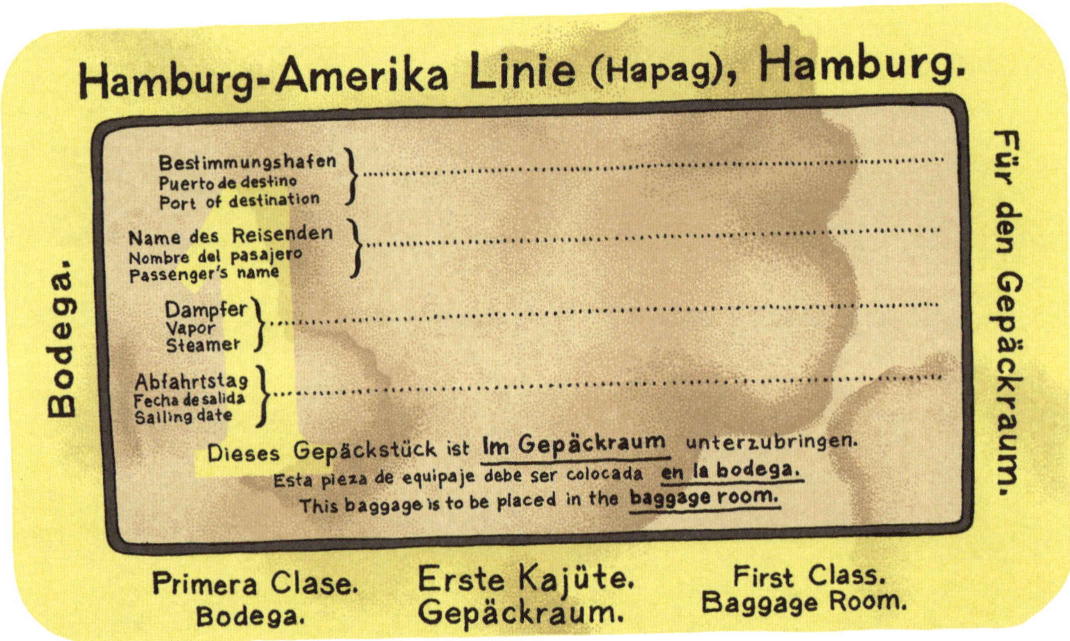

Hamburg-Amerika Linie (Hapag), Hamburg.

Bodega.

Bestimmungshafen
Puerto de destino
Port of destination
....

Name des Reisenden
Nombre del pasajero
Passenger's name
....

Dampfer
Vapor
Steamer
....

Abfahrtstag
Fecha de salida
Sailing date
....

Dieses Gepäckstück ist Im Gepäckraum unterzubringen.
Esta pieza de equipaje debe ser colocada en la bodega.
This baggage is to be placed in the baggage room.

Für den Gepäckraum.

Primera Clase.
Bodega.

Erste Kajüte.
Gepäckraum.

First Class.
Baggage Room.

Zum Geleit

«An Gefühlen und Begierden, an Ehrgeiz und Erfüllung habe ich in der Tat nur wenig kennengelernt, was reicher und stärker gewesen wäre als die Erregung entomologischer Erkundungszüge», schrieb der große russische Romancier Vladimir Nabokov 1966 in seinen autobiographischen Erinnerungen «Erinnerung, sprich». Und Nabokov ergänzt: «Von meinem siebten Lebensjahr an wurde alles, was ich im Zusammenhang mit einem Rechteck eingerahmten Sonnenscheins empfand, von einer einzigen Leidenschaft beherrscht. Gehörte der erste Blick am Morgen der Sonne, so gehörte mein erster Gedanke den Schmetterlingen, die er hervorbringen würde.»

Was veranlaßt einen Menschen, sich leidenschaftlich für Schmetterlinge zu interessieren? Natürlich läßt sich diese Frage nicht allgemein beantworten, weil es darauf so viele Antworten wie Schmetterlingssammler gibt. Das Buch, das Sie jetzt in der Hand halten, gibt einen Einblick in das Innere eines solchen «Schmetterlingsmenschen» – den deutschen Gelehrten und Forscher Arnold Schultze (1875–1948).

Arnold Schultze-Rhonhof (den Zweitnamen legte er sich erst aufgrund seiner zweiten Heirat 1933 zu) ist bis heute trotz seines bemerkenswert bunten Lebens auf den zwei Kontinenten Afrika und Südamerika nur wenigen wissenschaftlichen cognoscentes bekannt. Dabei war Schultze kein gewöhnlicher Schmetterlingssammler, der sich auf die Ansammlung von toten, aufgespannten Spezies beschränkte, die als Jagdtrophäen in glasbedeckten Holzkästen aufbewahrt werden, wie dies seit Mitte des 19. bis Mitte des 20. Jahrhunderts ein populärer Zeitvertreib in Europa war. Er fühlte sich zur Erforschung der Schmetterlinge in diesen Regionen berufen, ja es wurde seine Hauptbeschäftigung. Schultze befaßte sich seit seinen Tagen als deutscher Kolonialoffizier in Kamerun systematisch mit der Naturgeschichte der von ihm in seiner freien Zeit beobachteten und gesammelten Schmetterlinge. So kam es zu seiner ersten wissenschaftlichen Publikation 1906 (s. Bibliographie), der Beschreibung einer bis dahin unbekannten Schmetterlingsart. Es folgten über die Jahre fast 70 Veröffentlichungen, einer der Höhepunkte ist ohne Frage seine Monographie über die Schmetterlinge, die während der zentralafrikanischen Expedition 1910/11 von Adolf Herzog von Mecklenburg gesammelt wurden und an der Schultze teilgenommen hatte.

Nach dem Ersten Weltkrieg verlagerte sich in den Jahren 1920 bis 1928 Schultzes Interesse auf die Schmetterlinge Südamerikas, vor allem Kolumbiens – verbunden mit geographischen und botanischen Forschungen. Nach einem kurzen Zwischenaufenthalt im Kongo (1929/1930) und auf den Balearen (1931) kehrte Schultze nach Deutschland zurück, um 1934 wieder nach Ecuador aufzubrechen, wo er bis 1939 forschte. Seine bedeutendsten Publikationen während jener Zeit waren eine sehr umfangreiche Darstellung seiner Forschungsreisen in die Sierra Nevada de Santa Marta in Nordkolumbien sowie mehrere kürzere Aufsätze über die (bis dahin unbekannte) Biologie verschiedener Arten von ostecuadorianischen Schmetterlingen. Posthum erschien schließlich 1950 ein ausführlicher Aufsatz über die Pflanzengeographie von Ecuador.

Aus alldem wird deutlich, daß Schultze sehr vielfältige Interessen hatte (er verfasste sogar einen Artikel auf Spanisch über die Guayabero-Indianer Kolumbiens, der 1923 in einer Zeitschrift in Bogotá erschien), doch waren zweifellos die Schmetterlinge der für ihn wichtigste Gegenstand, was die Vielzahl der Veröffentlichungen beweist, die dieser bezaubernden Gruppe von Insekten gewidmet sind.

Da ich selbst von Berufs wegen Lepidopterologe (also ein «Schmetterlingsmensch») bin und seit langem ein großes Interesse an dem aufregenden Leben und Werk von Arnold Schultze hege, bin ich über das jetzt vorliegende, herrliche Buch, das Hanna Zeckau gezeichnet und Hanns Zischler verfasst hat, besonders erfreut und ich hoffe, daß der Leser es mit demselben Vergnügen, wie es mir vergönnt war, in die Hand nehmen wird.

Prof. Dr. Gerardo Lamas
Direktor des Museo de Historia Natural
Lima / Peru

Der Aurelianer

aurelian: a collector and breeder of moths and butterflies.

Webster's Third New International Dictionary, 1993

Ich ähnle in vielen Dingen dem Schmetterling: Wie er liebe ich das Licht; wie er verbrenne ich darin mein Leben; wie er muß ich, wenn ich meine Flügel spreiten will, schöne Gesellschaft um mich haben.

Joseph Joubert

Unser Buch handelt von einer Überseekiste, die bis an den Rand mit Schmetterlingen angefüllt ist. Und es erzählt das Abenteuer des Forschungsreisenden Arnold Schultze, der diesen Koffer 1939 von Kolumbien aus ins Berliner Naturkundemuseum geschickt hat, wo er über lange Jahrzehnte im Schatten der Sammlungen überwinterte. Doch auch nachdem die Schmetterlinge ihren ursprünglichen wissenschaftlichen Wert eingebüßt hatten, konnten wir dem Drang nicht widerstehen, mehr über den Koffer und den Sammler in Erfahrung zu bringen. Ganz zu schweigen vom ästhetischen Zauber, den die schlummernden Schönheiten für uns bereithielten.

Wenige Wochen nachdem dieser Koffer auf Schultzes Wunsch hin von Kolumbien aufgegeben wurde, trat er mit seiner Frau von Ecuador aus die weite Seereise nach Deutschland an. Anfang September 1939 gerieten sie in die britische Atlantikblockade. Schultzes Schiff wurde südwestlich von Teneriffa versenkt, und er sah vor seinen Augen seine in Ecuador mühsam zusammengestellte botanische und zoologische Sammlung im Meer versinken.

Der separat expedierte Koffer aber kam heil in Berlin an – offiziell wurde er im Museum unter «Koffer 41 / Trockenmaterial» registriert –, doch es sollte dem Sammler nicht mehr vergönnt sein, diesen Schatz auszuwerten. Zusammen mit seiner Frau fand er eine letzte Heimat auf Madeira, wo er 1948 starb.

Der Koffer wurde ein Strandgut der Wissenschaft, ein Zeitcontainer, in dem schätzungsweise achtzehntausend neotropische Falter aus dem kolumbianischen Hochland schlummerten. Und nachdem der Koffer nach sei-

41
1

ner Ankunft nicht geöffnet und ausgewertet wurde, kam so etwas wie eine rückläufige Metamorphose in Gang. Was vorzeiten, genauer gesagt in den zwanziger Jahren des letzten Jahrhunderts, als irisierender Tagtraum durch die Regenwälder Kolumbiens gegaukelt war und mit List, Geduld und Gier erhascht und verstaut, flüchtig bestimmt und trocken gelagert worden war, verpuppte sich erneut.

Die Hülle für die Falter, ihr provisorisches Totenbett, war das Papier, das der reisende Forscher mit sich führte: Rechnungszettel, Zeitungsausrisse, Werbebroschüren, zerschnittene Briefe, bedenkenlos herausgerissene Romanseiten, längst entwertete Militärpapiere, blinde Bestellformulare – «alles wird am Ende zu Papier». Es sind lose Blätter, die nach einem einfachen Schema gefaltet werden – für die Falter. Eine Anthologie in des Wortes reinster Bedeutung. Eine Mimikry der Falter. Die in diese Tütchen gelegten Falter wurden wiederum in Zigarrenkistchen gebettet, die durch die triviale Schönheit ihrer Embleme vom Glanz kolonialer Tabakreiche zeugen: eine kunterbunte Galerie vollbusiger nationaler Siegesgöttinnen, deren einziges Ziel die Verbreitung des Genussgiftes ist. Sie dienen als Holzsärge für die Schmetterlingsmumien.

Und so lagen sie da, still gefaltet, in ihrer «Sterbehaltung», rigor mortis. Irgendwann werden alle Farben aus ihnen gewichen und ihre Flügel zu Staub geworden sein – Grund genug, daß zarte Hände sie zeichnen und ihre aufgespannte Pracht festhalten. Strandgut ganz wörtlich. Angeschwemmt unmittelbar vor Kriegsbeginn 1939 auf dem weiten Weg über den Atlantik von Kolumbien nach Deutschland, um hier verstaut und vergessen zu werden. «Stichproben» seien im Museum gemacht worden, heißt es, vor langer Zeit – wie beim Zoll (für unerklärte Warenproben), wie in der Pathologie (ehe man den Corpus wieder schließt), nur um ein für allemal festzustellen, daß das Aufspannen und die wissenschaftliche Erschließung dieser Mannigfaltigkeit ein Forscherleben überfordern würden. Daß aber das zwischen Afrika und Südamerika zerriebene Forscherleben eine einzige permanente Selbstüberforderung war, ein beharrlicher Trieb, in dem Jagd- und Reise-, Schau- und Schreibfieber sich gegenseitig übergipfelten, hätte man zumindest ahnen können. Die «Wirren des Krieges» bedingten den Abbruch dieser flüchtigen Begutachtung. Und als der Krieg vorüber war, waren die Wirren noch nicht zu Ende: Das teilzerstörte Museum erstarrte im Kälteraum der Politik und versuchte notdürftig die Schäden zu beheben. Der Koffer mutierte in den dunklen Korridoren und Kabinetten des Museums zur «poste restante». Trockenmaterial hält lange, aber nicht ewig.

Zum Gesetz des Museums gehört die Bestimmung, die Klassifikation des Sammlungsobjekts. Was hier die Schwelle überschritten hat und im Eingangsbuch verzeichnet wird, hat ein Anrecht auf Erfassung, Bestimmung, Etikettierung und geordnete Verwahrung. Geschieht dies nicht, weil es versäumt oder verräumt wurde, tritt erneut ein quasi naturhafter Prozeß auf den Plan. Eigentlich gehört zum Namen auf dem Etikett, welches Totenschein und nobilitierender Taufschein zugleich ist, auch der Kurator, dem die Sammlung anvertraut wird. Doch nicht immer gelingt diese Adoption – und das etikettierte Objekt gerät wieder in Vergessenheit, bis es schließlich, unzureichend geschützt und schlecht konserviert, von den gierigen nahen Verwandten der Schmetterlinge – den Motten – gefressen wird.

Wir sichteten die Dokumente und Objekte aus Arnold Schultzes Sammlungen, seine Tagebücher und Briefe, die in der Historischen Arbeitsstelle des Naturkundemuseums schlummerten, und lasen seine in Fachzeitschriften publizierten kleineren und größeren Schriften. Aus dem fernen Peru schickt uns der Doyen der lateinamerikanischen Entomologie, Gerardo Lamas, weiterführende Anregungen sowie die erste komplette wissenschaftliche Bibliographie Schultzes und schließlich ein Grußwort. Er wurde nicht müde, die in seinen Augen überragende Bedeutung Arnold Schultzes für die entomologische und pflanzengeographische Forschung zu betonen, und bedauerte, diesen Mann nicht schon längst ausführlich gewürdigt zu haben – was unter den schwierigen Bedingungen seiner eigenen Feldarbeit nicht weiter verwundert. Man lese einmal nach, was Kurt Johnson und Steve Coates in ihrem atemberaubenden Buch «Nabokov's Blues – The Scientific Odyssey of a Literary Genius» (1999) über Gerardo Lamas zu berichten haben – und die Wertschätzung für Arnold Schultze wird noch größer.

Es scheint dies eine eigensinnige Tendenz vieler naturkundlicher Entdeckungen und Forschungen zu sein, daß der Name eines Forschers zwar in mannigfacher Weise fortlebt (in der Nomenklatur), doch die mit diesem Namen verbundene Lebensgeschichte allen Verdiensten zum Trotz so häufig spurlos verweht.

Wir lesen Schultze und schweifen ab. Die Stimmen anderer Aurelianer kreuzen unsere Lektüre. Immer wieder begegnet uns bei diesen ‹Gauklern›, bei Joseph Joubert, Alfred Russel Wallace, Wilhelm Lehmann, Roger Caillois, Francis Ponge und Vladimir Nabokov das jähe Entzücken, den Anblick eines einzelnen Prachtexemplars zu erhaschen, die unbezwingbare Gier, diese Schönheiten zu jagen, zu besitzen und zu benennen, und der ekstatische Jubel, Zeuge der atemberaubenden Naturerscheinung eines riesigen Schwarms zu sein.

Schultzes Zettelvielfalt ist eine chaotische Loseblattsammlung, ein ‹literarischer› Schmetterlingsschwarm, eine «poste restante» (in einer «poche restante»), deren «destinataire» und «destination» im Labyrinth der Zeit verlorengegangen ist. Aus ihrem Kontext gefallen, verwandeln sich diese überschriebenen und mehrfach verwerteten Faltzettel unter unseren Augen in dadaistische Prosa.

Die Schilderung der Jagdekstasen wird gern mit dem Hinweis auf die – wissenschaftlich bedeutungsvolle – Seltenheit des Objekts schamvoll verdeckt. Nur sehr selten, wie beispielsweise bei Alfred Russel Wallace, der sein Sammlerglück als ein Geschenk des Dschungels an den Jäger, als eine fast unvermeidliche Hingabe des Falters an den unschuldigen Sammler verklärt, wird die nicht zu bewältigende Gier, die Lust des Haschens, Habens, Tötens und Bewunderns in kaum verhüllter Form angedeutet. Vladimir Nabokov und in milderer Form Frederic Prokosch sprechen aus, was hier auf dem Spiel steht: Schönheit will geraubt sein. Wer sie besitzt, mag die Sinne verlieren und verbrennen. Im Akt dieser Jagd erfüllt sich das Begehren.

Der Schmetterlingsliebhaber überlässt sich, von aller Welt abgeschieden, dem Tagtraum kleiner Ekstasen. Er will nur das «seidige Dreieck» des duftenden Falters erhaschen: «An Gefühlen und Begierden, an Ehrgeiz und Erfüllung», schreibt Vladimir Nabokov, «habe ich in der Tat nur wenig kennengelernt, was reicher und stärker gewesen wäre als die Erregung entomologischer Erkundungszüge. Von Anfang an hatte sie eine große Zahl durcheinanderfunkelnder Facetten. Eine davon ist das akute Verlangen, allein zu sein, da jeder Begleiter, wie still er sich auch verhielte, dem konzentrierten Genuß meiner Manie im Wege stand. Ihre Befriedigung duldet keinen Kompromiß und keine Ausnahme.»

1

«Das seidige Dreieck»

Vladimir Nabokov, 1964

Im Falle der Schmetterlingsjagd glaube ich vier Hauptelemente unterscheiden zu können: Erstens die Hoffnung, das erste Exemplar einer der Wissenschaft unbekannten Art zu fangen, oder der Fang selbst; dies ist der Traum im Hinterkopf eines jedes Lepidopterologen, ob er nun einen Berg auf Neuguinea besteigt oder in Maine ein Moor durchquert. An zweiter Stelle steht der Fang eines sehr seltenen oder sehr ortsgebundenen Falters – Kreaturen, die man in Büchern oder obskuren wissenschaftlichen Zeitschriften oder auf den prachtvollen Tafeln berühmter Werke verzückt betrachtet hat und die man nun im Fluge sieht, in ihrer natürlichen Umgebung zwischen Pflanzen und Mineralien, welche durch ihre intime Verbindung mit den von ihnen hervorgebrachten und am Leben erhaltenen Raritäten einen geheimnisvollen Zauber bekommen, so daß eine solche Landschaft doppelt lebt: als entzückende Wildnis für sich selber genommen und als der Aufenthaltsort eines bestimmten Schmetterlings oder Nachtfalters. Drittens ist das Interesse des Naturforschers, die Lebensgeschichte wenig bekannter Insekten zu entwirren, ihre Gewohnheiten und ihren Aufbau zu erkunden und ihre Stellung im System der Klassifizierung zu bestimmen – einem System, das manchmal unter blendendem polemischem Feuerwerk höchst attraktiv in die Luft fliegen kann, wenn nämlich eine neue Entdeckung das alte System durcheinanderwirft und seine abgestumpften Verfechter in Verwirrung setzt. Und viertens sollte man das sportliche Element nicht übersehen, das Glück, das man haben muß, die rasche Bewegung und die gesunde Körperanstrengung, die glühende und mühsame Suche, die damit endet, daß einem das seidige Dreieck eines geschlossenen Falters im Handteller liegt.

2

«Schneegestöber am Äquator»

Arnold Schultze, 1914

Die Schmetterlinge, die weißen *Cymothoe caenis*, boten ein seltenes, den Heuschreckenschwärmen der Steppe vergleichbares Naturschauspiel. Ein lediglich aus Männchen bestehender Zug dieses Falters flog am Vormittag des 12. November [1910] von Osten kommend über den Stationshügel, setzte über den Fluß und verschwand auf dem andern Ufer im Wald. Der Schwarm, der zeitweise den Eindruck eines mäßig starken Schneegestöbers hervorrief, begann um 9 Uhr, wurde gegen Mittag schwächer und hörte mit dem letzten Nachzügler um 1 Uhr auf.

1 PIERIDAE *Pieris theora ab. laeta* Weym., Zentralafr. Republik: Mongoumba, 22. v. 1930
2 NYMPHALIDAE *Cymothoe caenis*

Vom Kongo zum Niger und Nil.

Berichte der deutschen
Zentralafrika-Expedition 1910/1911.

Von

Adolf Friedrich Herzog zu Mecklenburg.

Mit 512 bunten und einfarbigen Abbildungen nach Photographien und Zeichnungen, sowie mit 6 Karten.

Zweite Auflage.

Erster Band.

Leipzig:
F. A. Brockhaus.

1914.

Afrikanische Abenteuer

«In dem freien Raum zwischen den Uferbäumen schwebt im Glanze seiner himmelblauen Schwingen ein großer Falter, der stattliche *Papilio zalmoxis* über dem Spiegel des Flusses.»

Arnold Schultze, 1914

«Am Rande einer Lagune war es, wo ich am Tag St. Huberti ein zwar von den herkömmlichen afrikanischen Beutetieren abweichendes, darum aber nicht weniger edles Stück Wild zur Strecke brachte, den größten aller afrikanischen Schmetterlinge, den riesigen *Papilio antimachus.* Wir hatten diesen Fürsten unter den Tagfaltern bereits unterhalb Likilemba vom Dampfer aus beobachtet, als das mit seinen Schwingen fast einen Fuß klafternde Tier einem Vogel gleich über den Hütten des Dorfes Bussinde schwebte. Hier an der Lagune hatte ich das kaum erhoffte Glück, den begehrenswerten Falter mit dem Netze zu decken, als er keck unter die an der Tränke stehenden Ziegen sich mischte, um seinen Durst im Uferschlick zu stillen. Der begeisterte Zoologe wird das Hochgefühl verstehen, das ich hatte, als ich den riesigen Urwaldfalter aus dem Netz nahm, dessen erstes bekanntes Exemplar hundert Jahre lang als das einzige seiner Art die größte Kostbarkeit einer englischen Sammlung blieb, bis Anfang der sechziger Jahre das zweite Stück nach Europa kam. Ich hatte dann das Glück, diese Art an derselben Stelle noch einmal zu beobachten, ja sogar in Freiheit zu photographieren und damit eine Natururkunde zu erhalten, die ganz einzig in ihrer Art dasteht.»

Arnold Schultze, 1914

Die Geschichte des Naturforschers Arnold Schultzes beginnt in Afrika. Er hatte in Bonn Geographie und Botanik studiert und besaß neben kartographischen Fertigkeiten eine deutliche Begabung zum Zeichnen mit freier Hand – Landschaften, Porträts, Stilleben. Seine Zeugnisse und Kenntnisse ließen ihn geeignet erscheinen, an der deutschen Zentralafrika-Expedition von Adolf Friedrich Herzog zu Mecklenburg 1910/11 teilzunehmen. Was man recht unbeschwert «die wissenschaftliche Ausbeute» dieser Expedition nennt, ist enorm. Die Expedition trägt wie viele andere Missionen im Zeitalter des Imperalismus zu jener Objekthalde bei, die wir heute unter dem Stichwort «All Creatures» kennen, d.h. der ungehinderte und hemmungslose Zugriff auf die tropische Flora und Fauna und ihre Überführung in die Arsenale der naturkundlichen Museen Europas.

Über die Expedition selbst und Schultzes Aufgaben resümiert der Hamburger Ethnologe Georg Thilenius (der selbst nicht «tropentauglich» war) in seiner «Übersicht über die wissenschaftlichen Ergebnisse» im Ton nüchterner Megalomanie: «Die Expedition sollte ursprünglich den afrikanischen Kontinent vom Kongo zum Nil durchqueren. Politische Gründe vereitelten den Plan, und die Expedition teilte sich in eine Hauptexpedition und drei Teilexpeditionen, von denen die der Herren Dr. Schultze und Dr. Milbraed vom Kongo durch Südkamerun nach den Guinea-Inseln ausgeführt wurden.

Zunächst kam es nach dem Bericht des Herrn Dr. Schultze darauf an, für die Beurteilung der im Urwaldgebiet sehr schwer erkennbaren Oberflächengestaltung neues Material zu erhalten. Dazu wurden an allen wichtig scheinenden Punkten Höhenmessungen mit dem Siedeapparat vorgenommen. Auf dem ganzen Marsch wurde geologisches Beobachtungsmaterial gesammelt, vor allem auch über den Charakter der Sumpfgebiete und der von der Waldbedeckung freibleibenden Flächen im Urwald.

Die Hauptexpedition und die Teilexpeditionen der Herren Dr. Schultze und Dr. Schubotz ergaben zusammen 860 Säuger, 2.900 Vögel, rund 400 niedere Wirbeltiere, und etwa 18.000 Wirbellose, endlich eine größere Zahl von Alkoholpräparaten. Der Hauptwert der zoologischen Sammlungen besteht vor allem in der überaus reichen Insektenausbeute, die außer zahlreichen neuen Arten viele Formen oft in großer Stückzahl enthält, die nur in den Typenexemplaren bekannt waren. Unter den Lepidopteren konnte eine ausgesprochen melanotische Tendenz festgestellt werden. Dr. Reichenow beschrieb die von Dr. Schultze bei Molundu entdeckte *Tricholamea schultzei* [Tränenbartvogel] als zehnte neue Art.» (Thilenius, 1914)

In diesem Afrika erprobt Arnold Schultze sein geobotanisches Wissen und schult seinen Blick. Er vermisst und kartiert, und gleichzeitig wendet er sich den Kleinlebewesen zu; sein besonderes Augenmerk und wohl auch seine Liebe gelten den Lepidopteren.

Abb. rechte Seite: Teilnehmer der Zentralafrika-Expedition 1910/11 (v. l. n. r.): Professor Dr. med. et phil. Haberer, Feldwebel Otto Röder, Dr. H. Schubotz, Kunstmaler M. Heims, Oberleutnant a. D. Dr. Arnold Schultze, Hauptmann von Wiese und Kaiserswaldau.

Nur selten gibt er etwas von seiner Leidenschaft preis. Jahre später, Anfang der dreißiger Jahre, während eines Aufenthalts an der heimatlichen Mosel – eine vergleichsweise moderate Landschaft verglichen mit den afrikanischen Tropen und der kolumbianischen Bergwildnis –, schildert er eine kleine Epiphanie, die ihm und seiner Begleiterin widerfährt, und erfüllt sich einen Jagdwunsch aus seiner Kindheit: «Schon lange war es mein Wunsch, an der unteren Mosel und ihren Nebentälern Nachforschungen über das augenblickliche Vorkommen von *Parnassius apollo* anzustellen, seitdem ich vor 45 Jahren als Junge hinter diesem Falter am Rande der Schieferabstürze zwischen Kilbern und Winningen hergejagt war. (...) Wir waren schon einige Tage vor dieser Entdeckung zu sehr vorgerückter Tagesstunde zufällig an der fraglichen Stelle vorbeigekommen, die so günstige Bedingungen für unseren Falter bot, daß meine Begleiterin ausrief: ‹Der Hang schreit geradezu nach Apollos!› (...) Wir konnten so nahe an sie herankommen (es wäre uns möglich gewesen, sie mit der Hand zu greifen), daß wir alle Einzelheiten der Zeichnung erkennen konnten. (...) Man wird es mir nicht verdenken, wenn ich den Fundort im Interesse der Erhaltung der Art nicht bekannt gebe.» (Schultze, 1933)

In den drei Lieferungen der «Lepidoptera» (Leipzig 1917, 1920, 1923), welche sich auf die wissenschaftliche Bestimmung der in Zentralafrika gesammelten Schmetterlinge konzentriert, ist der subjektive Blick so gut wie ausgeblendet; nur ganz selten blitzt das reine Entzücken über die Pracht und die volatilen Zerstreuungen der Falter auf. Fast ausnahmslos sind es afrikanische Falter, die beschrieben und den Sammlungsschränken des Berliner Naturkundemuseums einverleibt werden.

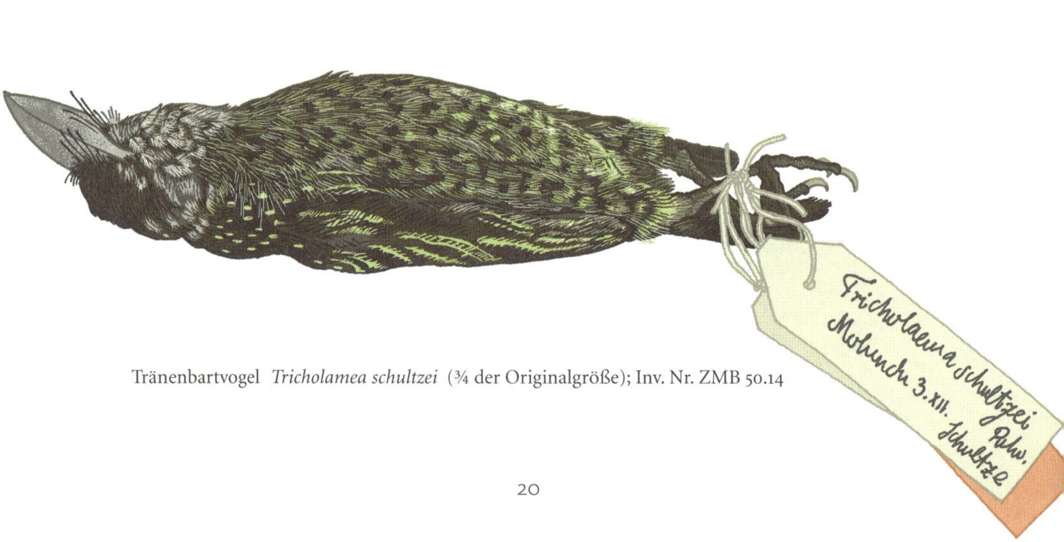

Tränenbartvogel *Tricholamea schultzei* (¾ der Originalgröße); Inv. Nr. ZMB 50.14

Auf der Suche nach Neuland: Kolumbien 1920–1928

Im Sommer 1920 bricht Arnold Schultze zusammen mit seiner Lebensgefährtin Anny von Amsterdam nach Kolumbien auf. Der Rückweg nach Afrika ist dem ehemaligen deutschen Kolonialoffizier versperrt. Selbst das internationale Renommé Schultzes, das er 1913 mit seiner Monographie über die Seidenspinner erworben hat, kann daran nichts ändern. Er selbst sagt über die Studie: «Ich unterzog mich dieser Arbeit auf Grund meiner eigenen Beobachtungen und genauesten Studiums der Literatur. Diese Arbeit gilt heute noch als grundlegend und wird besonders in belgischen Veröffentlichungen zitiert.»

Arnold Schultze hat keine Wahl. Für eine akademische Karriere fehlen ihm gewiß nicht die fachlichen, jedoch die prüfungsrelevanten Voraussetzungen. Er braucht neues Terrain. Und nach Lage der Dinge kommen nur die wenigen Länder in Frage, die sich zu dem besiegten Deutschland neutral verhalten und überdies für einen Kartographen, Botaniker und Zoologen von seinem Zuschnitt Aussicht auf Arbeit bieten. Er nimmt ein Angebot der kolumbianischen Regierung an, die schlecht kartierten riesigen Brachflächen mit ungeklärten Besitzverhältnissen – die sog. «baldíos» – im unwegsamen Nordosten des Landes zu vermessen und dabei zu prüfen, inwieweit sie für die agrar- und forstwirtschaftliche Nutzung geeignet sind.

Diese «baldíos» erwecken heftige, ja gewaltsame Begehrlichkeiten bei den Latifundisten und der amerikanischen United Fruit Company auf der einen und den indigenen und eingewanderten Kleinbauern auf der anderen Seite.

«Von 1925 an», schreibt Arnold Schultze, «war ich in amtlicher Stellung als ‹Injeniero Jefe› der ‹Comisión de Baldíos› in Sta. Marta. In Colombia habe ich mich, soweit die angewandte Entomologie in Frage kommt, besonders mit den Cacao- und Kaffee-Schädlingen befasst, hierbei auch eingehende Studien über die Bedeutung der Beforstung für die Wirtschaft angestellt.» Was Schultze hier mit der ihm eigenen Zurückhaltung formuliert, ist eine herkulische Leistung: Er arbeitet als Pflanzengeograph, Entomologe, Kartograph und Geologe.

Schultzes detaillierter Bericht aus dem Jahr 1927 erscheint mit zehnjähriger Verspätung in den «Mitteilungen der Geographischen Gesellschaft Hamburgs» im Jahr 1937 unter der dramatischen Überschrift «Flammen in der Sierra Nevada de Santa Marta» – ein Titel wie ein Fanal. Und genau das sollte es wohl sein, doch die zeitliche und räumliche, ja mittlerweile historische Entfernung vom Land des Geschehens lassen diese hinreißend geschriebene Prosa über die Verwüstung ganzer Landstriche Nordkolumbiens durch kommerziell betriebene Monokulturen, irreguläre Bewässerungen und unkontrollierte Brandrodung ungehört verhallen. Ein Grund mehr, erneut auf diese Schrift und ihren Autor hinzuweisen. Schultzes Prophezeiungen haben sich mehr als bewahrheitet. Zudem dürfte es wenige wissenschaftliche Autoren geben, die derart stilsicher und fundiert die komplexe Problematik der Landschaftszerstörung vor Augen führen können.

In unserem Buch zitieren wir ausführlich aus diesem Bericht und dem Reisetagebuch. Dieses ist pedantisch und pointillistisch knapp, es enthält Stenogramme beschaulicher wie gefahrvoller Augenblicke, Momente von Jagdglück und Ungemach, detailbesessene Wahrnehmungen und mit leichter Hand skizzierte Begegnungen vor großen landschaftlichen Panoramen.

Und während Arnold Schultze und seine Gefährtin beobachten, vergleichen und festhalten, sammeln sie. Sie sammeln unaufhörlich und unter schwierigsten Bedingungen. Sie sammeln, weil es ihre Leidenschaft ist, weil sie nicht umhinkönnen zu sammeln. Schließlich bewegen sie sich in einem Paradies der Schmetterlingssammler.

In diesem Feld zu sammeln – ohne eigentlichen Sammlungsauftrag – erfordert große Disziplin und Erfindungsgeist. Als Behälter für die Falter – ein Wort, dessen Sinnfälligkeit schlagartig einleuchtet, wenn man die gefalteten Schönen in Zettel, Kuverts, Buchseiten etc. eingelegt enthüllt –, als Behältnis für die einmal erbeuteten Insekten dienen Zigarrenkisten. Insgesamt 46 Kisten, mit zahllosen Faltheftchen gefüllt, tragen die beiden im Lauf der Jahre zusammen.

Als Schultze 1928, unmittelbar vor Ausbruch der von ihm vorausgeahnten gewaltsamen Auseinandersetzungen, die unter dem Stichwort des «Bananen-Massakers» Geschichte geworden sind, Kolumbien verläßt, ist er gesundheitlich angeschlagen und muß sich nach einem weniger strapaziösen Forschungsgebiet umsehen. Die Kiste mit den Schmetterlingen lässt er zurück. 1939 wird sie, auf Schultzes Wunsch – er selbst verlässt im Spätsommer desselben Jahres Ecuador –, vermutlich von dem Geologen Otto Pichlmayr nach Deutschland verschickt, wo sie unversehrt ankommt – und für mehr als ein halbes Jahrhundert nicht mehr beachtet wird.

Colombia / Kolumbien – Physikalische Geographie

Nach «Encyclopædia Britannica», 1926

Kolumbien wird in der Regel als ein außerordentlich gebirgiges Land beschrieben, was aber nur für weit weniger als die Hälfte seines Territoriums gilt. Der größere Teil des Landes liegt südöstlich der Anden und besteht aus ausgedehnten Llanos und waldigen Ebenen, die von mehreren westlichen Quellflüssen des Amazonas und des Orinoco durchzogen werden. Diese Ebenen steigen sanft nach Osten an, die des Amzonasbeckens dehnen sich in großen Terrassen aus, deren Schichtstufen aus flachen, vereinzelten Hügelketten das große Becken umschließen.

Der andere Teil der Republik, etwa zwei Fünftel seines gesamten Areals, besteht aus einem außerordentlich schroffen Bergland, das von Süden nach Norden von den parallelen Flusstälern des Magdalena, Cauca und Atrato durchzogen wird. Die Gebirgsketten, die diesen Teil Kolumbiens bedecken, sind die nördlichen Ausläufer des großen andinischen Systems.

Zwischen dem 5. und 6. Grad nördlicher Breite gabeln sich diese Gebirgsausläufer in zwei Äste, der östliche ragt nach Venezuela hinein, wo er Cordillera de Mérida genannt wird, während der nördliche weiter nach Norden und Nordosten zieht – die Sierra de Perija und die Sierra de Oca, um schließlich in der äußersten Spitze der Goajira-Halbinsel zu enden. Der Gipfelpunkt in dem östlichen Ast ist der Cerro Pintado (11.800 Fuß). Westlich dieses Ausläufers, zwischen dem 10. Breitengrad und der karibischen Küste, liegt eine eindrucksvolle Gruppe steiler Gipfel und großer Verwerfungen, die Sierra Nevada de Santa Marta, deren höchste Erhebung auf 17.389 Fuß nach der einen und 16.728 Fuß nach der andern Schätzung emporsteigt. Diese Berggruppe, welche ca. 6.500 Quadratmeilen umfasst, liegt in unmittelbarer Küstennähe, und ihr höchster Gipfel wurde lange Zeit für unbezwingbar gehalten. Er ist abgerückt von den niedrigeren Zügen der östlichen Kordilleren und vermittelt den Eindruck wesensmäßiger Unabhängigkeit.

Während die Hauptfaltungen mehr oder weniger in (nordsüdlicher) Richtung wie die Andenketten verlaufen, scheint das Massiv der Sierra Nevada de Santa Marta einem gänzlich anders gearteten Faltensystem anzugehören, denn hier verlaufen die Falten von West nach Ost, mit gelegentlichen Abweichungen nach Südosten. Wenngleich an Vulkanen durchaus kein

Mangel ist, sind sie doch weniger bedeutend als in Ecuador und ihre Tätigkeit trägt hier weit weniger zur Entstehung der Anden bei als anderswo.

Die bedeutendsten Flüsse Kolumbiens sind der Magdalenastrom und dessen bedeutendster Nebenfluß, der Cauca. Beide entspringen im hoch gelegenen Tafelland Südkolumbiens, etwa 14.000 Fuß über dem Meer – der Magdalena der Laguna des Buey (Ochsensee) auf dem Hochplateau von Las Papas; der Cauca wenig weiter westlich von der Laguna di Santiago auf dem Paramo de Guanacas. Beide fließen auf parallelen Wegen zu den Großen Kordilleren nach Norden und bilden so die Wasserscheide zwischen deren Einzugsgebiet. Die bedeutendsten Nebenflüsse des Magdalenas sind Suaza, Neiva, Cabrera, Prado, Fusagasagá, Funzà (auch Bogotá), Carare, Opon, Sagomoso, Lebrija und Cesar und der westliche La Plata, Paez, Saldana, Cuello, Guali, Samana (auch Miel), Nare (auch Negro) und Cauca. Daneben gibt es noch viele kleinere Flüsse, die dem Magdalena von beiden Seiten des Tales zufließen. Der gesamte Flusslauf des Magdalena ist ca. 1000 Meilen lang. Für Dampfschiffe ist er bis hinauf nach La Dorada, in der Nähe von Honda befahrbar, 561 Meilen von der Mündung entfernt, deren Sandbarren nur Schiffe mit geringem Tiefgang durchlässt.

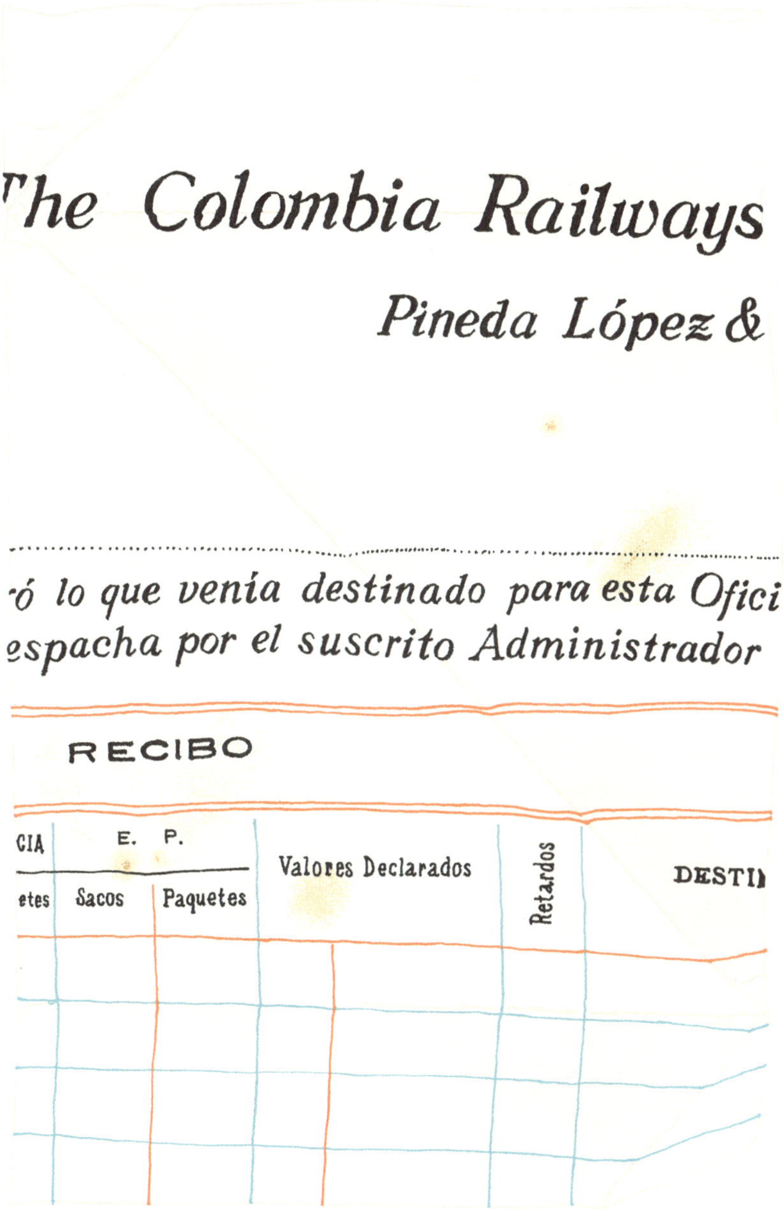

The Colombia Railways

Pineda López &

ó lo que venía destinado para esta Ofici
espacha por el suscrito Administrador

RECIBO

CIA	E. P.		Valores Declarados	Retardos	DESTI
etes	Sacos	Paquetes			

COL
FÁBRICA
DE
VEGAS DE

MBIA
CIGARROS PUROS
LAS
LIBERTAD
I ORDEN
LA ISLA

EERSTE KLASSE.

2 person

KONINKL

Bedrag.......... f 14

van.......... Amsterd

wordt verleend aan de

met het ss. VAN

dat zal vertrekken d

op de voorwaarden

hunner biljetten onderw

De passagiers zijn gel
inscheping te vertoonen,
daaraan vast, welke laat
afgescheurd.
Biljetten zonder strook

k 108-100 3-20-8 X

AUS DEM KOLUMBIANISCHEN REISETAGEBUCH

Arnold Schultze, 1920–1927

23. JUNI 1920 (vor Johanni) An Bord des niederländischen Dampfers «van Reusselaer» Capt. Nyboer. Der langersehnte Tag ist da. Seit heute Mittag sind wir in See. Vielleicht erholen wir uns von den aufreibenden Sorgen und Mühen der letzten Wochen. Die sorgfältigen Vorbereitungen trugen bereits bei der Zollrevision in Beilheim Früchte. Die gefürchteten Schikanen fielen sehr milde aus, dank den bereits daheim vorgenommenen Plombierungen. Die wenigen Tage in dem wundervollen alten **Amsterdam** gaben Gelegenheit, uns die Rembrandtsche Nachtwache und «Staalmeesters» anzusehen.

24. JUNI (Johanni) Früh des Morgens passieren wir **Boulogne**. Die See heute und gestern ruhig.

25. JUNI Unter den Passagieren ist die prominenteste Persönlichkeit der Gouverneur von Surinam Staal mit seiner Familie. Viele Deutsche befinden sich an Bord, darunter auch einige, die gleich uns nach Columbien gehen, auch ehemalige Kolonialdeutsche sind darunter. Bis zum Mittag halten wir die französische Küste in Sicht.

26. JUNI Ziemlich trübes Wetter, strichweise Regen, am Nachmittag kommen einige Pottwale in Sicht.

27. JUNI (Sonntag) Am Nachmittag klart das Wetter etwas auf. Es wird fühlbar wärmer.

28. JUNI Heute wieder merkliche Abkühlung. Die See ist viel bewegter als die Tage vorher; trotzdem ist das Wetter schön.

29. JUNI See heute ruhiger. Anny fühlte sich recht krank, offenbar eine Reaktion auf die Aufregungen der letzten Wochen, ohne eigentlich seekrank zu sein. – Die einzige Abwechslung in der großen Wasserwüste bieten einige kleine Segler am Horizonte und ein großer Dampfer, der uns überholt. Heut Nacht sehen wir die Azoren passieren.

30. Juni Durch die Azoren sind wir heute Nacht durch. Die See ist erheblich bewegter als gestern, das Wetter schon fast tropisch, abwechselnd Regen und Sonnenschein.

1. Juli Prachtvolles Wetter. Sehr warm. Anny geht es wieder besser. Seit gestern sind wir im Sargasso-Meer. Große Mengen orangegelben Seetangs treiben vorbei; zahlreiche fliegende Fische zeigen sich.

2. Juli Es wird merklich wärmer. In der Kabine ist es, da der Wind von achtern kommt, kaum noch auszuhalten.

3. Juli In der prachtvoll blauen See machen sich außer den gewöhnlichen fliegenden Fischen auch solche von goldgelber Färbung bemerkbar und außer diesen große plumpe Fischungetüme, die sich zwischen dem Seetang herumtreiben.

4. Juli Durch einen Fall auf dem frisch geseiften Schiffskorridor habe ich mir heute früh beim Gang zum Bade die linke große Zehe erheblich verletzt und liege den ganzen Tag in der kochheißen Kabine. Abends nach Tisch kommt Anny und meldet, daß wir den Wendekreis überschritten haben.

5. Juli Heute wieder mit schön violett gefärbter großer Zehe an Deck. Des Abends erhalten wir Besuch an Bord von einem fliegenden Fisch und einem Tropikvogel. Das Meerleuchten beginnt.

7. Juli Am Nachmittag sehen wir das erste Stück der Neuen Welt, die Insel Barbados. Es ist ein, vom Schiff aus dieser großen Entfernung gesehen, wenig malerisches Land, mit wenig schöner Vegetation, aus der durch das Glas immerhin die hohen königlichen Palmen, *Oreodoxa pegia*, zu erkennen sind.

8. Juli Am frühen Morgen kommen, von großen Regenwolken größtenteils verhüllt, die Konturen von Trinidad aus dem Dunst. Erinnerungen an die Kanaren, mehr aber noch an Sierra-Leone, Kamerun und Fernando-Poo werden wach. Allmählich werden immer mehr Einzelheiten Westindisch-Ceylons erkennbar, der herrliche Urwald, Bananen, Cacao-Pflanzungen

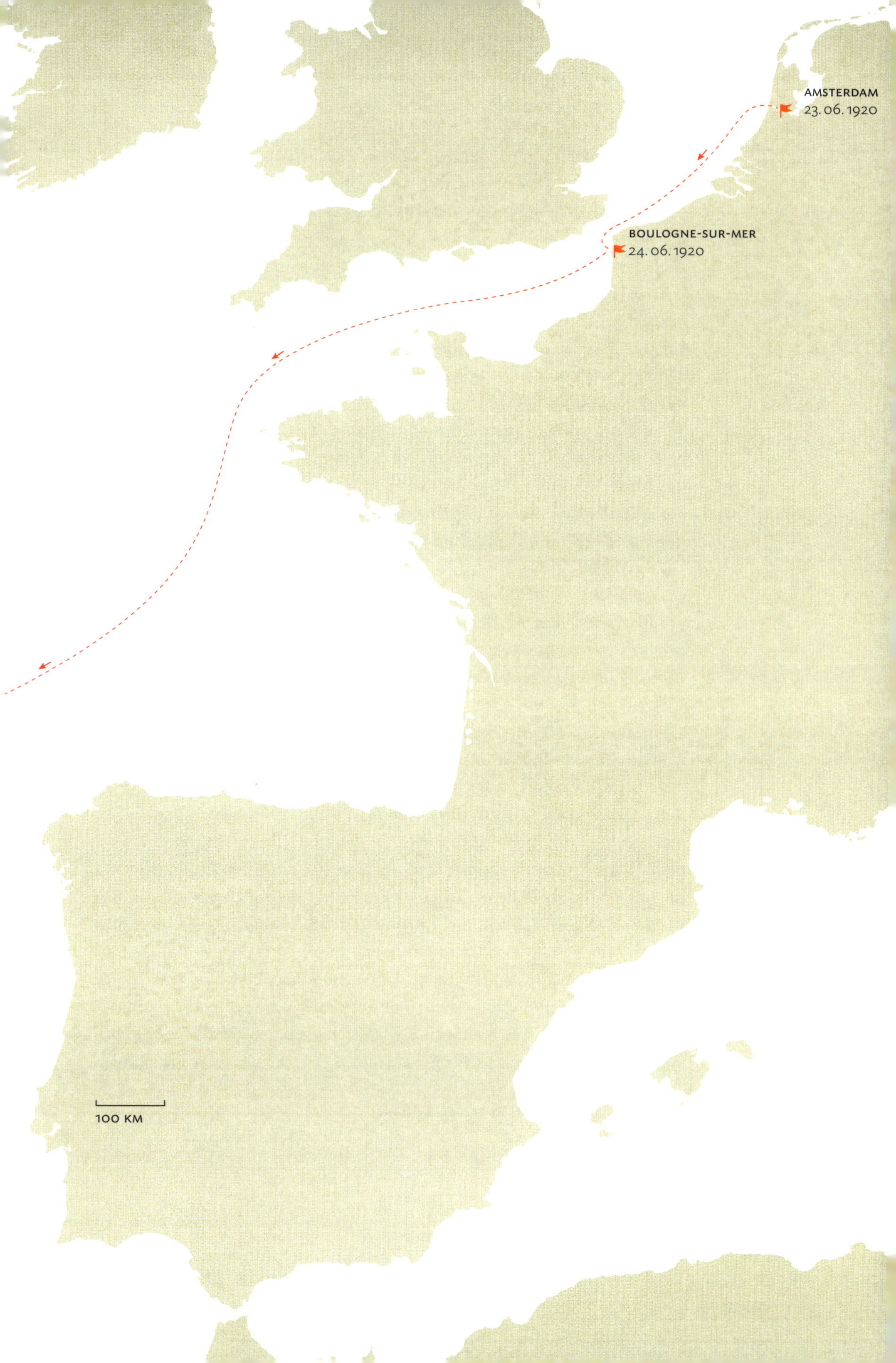
AMSTERDAM
23. 06. 1920
BOULOGNE-SUR-MER
24. 06. 1920
100 KM

etc. Der Kapitän nimmt den Passagieren zuliebe den Weg durch die Boca-Mono. Viele der Palmen sind mir ganz unbekannt. Entzückende Buen retiros [Schlupfwinkel] inmitten der tropischen Pracht werden am Ufer und auf den kleinen Inseln in der Bucht sichtbar. Auf einer der Inseln ist eine Verbrecherkolonie untergebracht. Schließlich wird **Port of Spain** sichtbar. In der Luft segeln in wundervollem Fluge Fregattvögel, schwarz mit weißem Kopf und tief gegabeltem Schwanz, und gemütliche graue Pelikane schwimmen in kleinen Familien auf dem ruhigen Wasser. Unser Wunsch, das Paradies zu betreten, wird durch ein Telegramm vom Land zunichte gemacht: German passengers are not allowed to go ashore. In Trinidad verläßt uns Gouverneur Staal, mit dem wir (speziell Anny) uns sehr angefreundet hatten. Für das Nichtanlandgehendürfen werden wir wenigstens etwas entschädigt durch den Anblick des Lebens auf der Rhede. Anny ist ganz entzückt von den Mangos, die sie zum erstenmal ißt. Bei der Ausfahrt des Abends durch die Boca navio sind wir beim Kapitän auf der Kommandobrücke.

9. JULI Am Vormittag passieren wir die große Insel Margarita und die ihr nördlich vorgelagerten kleinen Inselchen. Auf dieser herrscht xerophile Vegetation vor, meist Säulenkakteen; die Hauptinsel erscheint auch steril. In dem ziemlich flachen Meer treten wieder Delphine auf.

10. JULI Heute Nacht, gegen 4½, wurde ich davon wach, daß die Maschine nicht mehr ging und das Schiff still lag. Ein Blick durch das Bullauge zeigte mir, daß wir vor La Guyara lagen. Von rechtem Schlaf war nicht mehr die Rede. Der Gedanke, heute zum ersten Male neues Land zu betreten, ließ so keine rechte Ruhe mehr aufkommen. Die gegen 6 Uhr aus dem Meer aufsteigende Sonne schuf wunderbare Farbenspiele an den steilen Berghängen. Bis die nötigen Formalitäten erledigt waren, wurde es so spät, nach 8 Uhr, daß wir den Zug nach Caracas nicht mehr benutzen konnten. Endlich konnten wir mit besonderem Hochgefühl unseren Fuß an Land setzen, nachdem der Dampfer, der bisher auf der Rhede vor Anker gelegen hatte, am Pier festlag. Neben ewigen alten Bekannten der Tropenflora, Kosmopoliten, war für mich an Lande alles neu. Nach einigen Verhandlungen hatten wir für 120 Bolivar endlich einen Autolenker für die Fahrt nach Caracas und zurück gefunden.

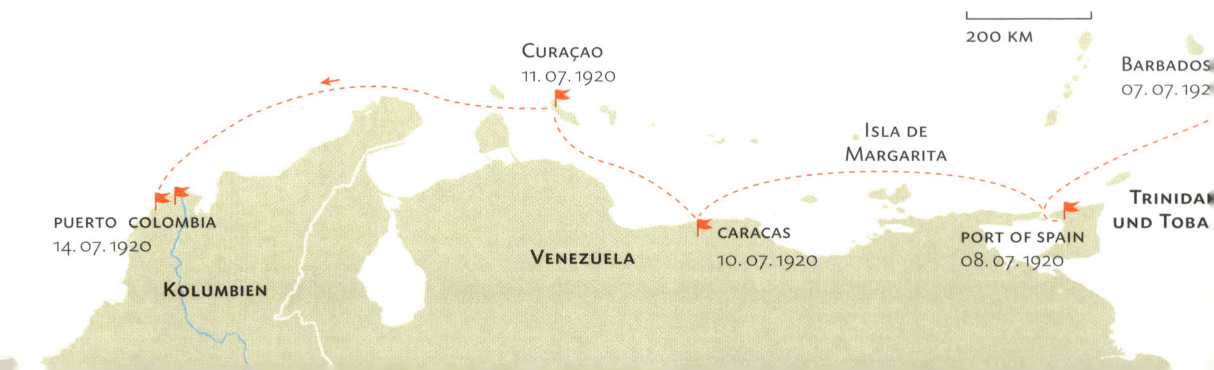

Schnell ging es den Serpentinenweg hinauf, in Haarnadelkurven, wie Anny sagte, und oft scharf am Abgrund vorbei. Auf vorwiegend rostrotem Boden eine üppige Vegetation, darunter mächtige Säulenkakteen und Opuntien. In den Quebradas [Schluchten] – üppigere Vegetation mit Cecropien, Lianen und ähnlich die Feuchtigkeit liebende Gewächse – sahen wir auch die ersten Kolibris und Schmetterlinge, die rote *Colaenis julia* [Abb. 32 S. 83], *Dione vanillae* [Abb. 34 S. 83] und schwefelgelbe Catopsilien. Anny sah auch eine blaue *Thecla*. In **Caracas** haben wir uns nicht lange aufgehalten. Besuch beim deutschen Gesandten und dem deutschen Konsul Emmerich. Dann nach der Markthalle, wo wir einige Früchte, Papaya, Mango, Bananen für die Rückfahrt erstehen. In einer kleinen Quebrade, an der wir halten, erbeute ich an einem blühenden Strauche mit dem Finger meinen ersten amerikanischen Schmetterling, eine *Mechanitis polymnia* oder so was ähnliches, mit Hochgefühl, das nur ein Entomologe würdigen kann. Ebendort flog ein schwarzer *Papilio* (eine große *Cetonide* flog in unseren Wagen). Ungefährdet kamen wir wieder in La Guyara an, wo gerade ein kleiner Regenguß niederging, einer der ersten in diesem, wie ich hörte, besonders trockenen Jahre. Am Abend nach 7 Uhr laufen wir wieder aus dem Hafen aus.

11. JULI **Curaçao**. Heute früh liefen wir in den vom Schmuggel nach Venezuela und Columbien lebenden Hafen ein, an einem Sonntag. Der von einer natürlichen Lagune gebildete tiefe und geräumige Hafen mit malerischer von echt holländischen Häusern eingefaßter Einfahrt ist, bis auf die bei ungünstigem Wetter sicher schwierige Einfahrt, ideal. Die Umgebung ist trostlos. Ein Gang durch die sehr weitgedehnte, meist engstraßige Stadt, den wir gleich nach Tisch machten, gehörte nicht gerade zu den erfrischendsten, den die Tropen bieten. – Buntgekleidete und mit künstlichen Blumen – echte gibt's in Curaçao kaum! – geschmückte Kinder aller Hautschattierungen füllten die Straßen, um sich zu einer Prozession zu gruppieren, der wir am Nachmittag vom holländischen Klub aus zusahen. An der Landestelle des Fährbootchens, an der der Dampfer heute Abend selbst festgemacht hat, bekamen wir einen Einblick in das schönste Seewasseraquarium, was man sich denken kann. Fische, wie ich sie hier gesehen habe (meist Korallenfische), hat mir selbst Annobon nicht geboten. In ihren leuchtenden Farben überboten sie selbst die glänzendsten Schmetterlinge, selbst die Morphos. Ein kleiner Fisch war herrlich citrongelb und funkelnd morphoblau quer gestreift.

12. JULI Curaçao. Der kleine Streifen klaren Seewassers zwischen dem Dampfer und dem Quai offenbart auch heute wieder neue Wunder. Ein von mir gestern noch nicht beobachteter Fisch ist in der vorderen Hälfte herrlich violett, in der hinteren goldgelb.

16. JULI An Bord des Magdalena-Dampfers «Barranquilla». Vor **Calamar.** Am 14. Juli ganz in der Frühe kamen wir vor **Puerto Colombia** an. Die Hügellandschaft vor uns hat etwa denselben sterilen Charakter mit vorwiegend xerophiler Flora wie die Berge bei La Guajira. Es wurde indessen Nachmittag, ehe wir an der etwa kilometerlangen auf hohen Stahlrosten erbauten Mole (auf der die Eisenbahn läuft) anlegen konnten. Andere Dampfer mußten vor uns abgefertigt werden. Da der Zug, der uns nach **Barranquilla** bringen sollte, erst um 6 Uhr fuhr, hatten wir reichlich Zeit, uns in dem eigentlich nur aus einer einzigen Straße bestehenden Puerto Colombia umzusehen. Im Patio [Innenhof] eines recht fragwürdigen Kafés steht ein prächtiger Poinsettia-Baum in der vollen Pracht seiner scharlachroten Blüten, an denen in der Nachmittagssonne ziegelrote *Dione*-Arten [Abb. 40 S. 91] mit prächtigen Silberflecken umherflattern. Ein grüner Amazonenpapagei, der hier sitzt, biedert sich Anny an. – Es ist fast 8 Uhr, als sich der Zug in Bewegung setzt. Trotzdem Barranquilla in viel reicherer Vegetation liegt als Curaçao, ist es doch ein entsetzlicher Platz. Das ist der erste Eindruck, den alle gleich uns hier eingetroffenen Passagiere der «Reusselaer» haben. Barranquilla scheint die Patentlösung zu sein, um jemandem die Tropen zu verekeln. Dem entspricht das von uns benutzte Hotel «Luiza». Wir sind herzlich froh, daß wir schon nach einem Tage Aufenthalt Gelegenheit haben, weit nach dem Innern zu kommen, wenn unser Dampfer auch kein Schnelldampfer ist. Gestern Abend brachten wir – halbtot – unser Gepäck, das zollamtlicherseits – Gott sei Dank! – keine der befürchteten Schwierigkeiten machte, an Bord der «Barranquilla». Der sehr kräftige Passatwind, der den Staub Barranquillas durch die Straßen wirbelt, macht bei der ersten Anfahrt einige Schwierigkeiten. Beim Einfahren in den eigentlichen Magdalenastrom sehen wir auf der Oberfläche des sehr bewegten Wassers das erste Krokodil. Die Landschaft, durch die wir zuerst fahren, hat gewisse Ähnlichkeit mit der oberhalb Onithshas am Niger, niedriger Busch mit verschieden hohen Palmen und anderen Bäumen. – Hier in Calamar habe ich zuerst Gelegenheit, Schmetterlinge zu sammeln. *Dione vanillae* [Abb. 34 S. 83], einige reizende

Eryciniden, schnelle Tierchen, die sich stets auf die Unterseite der Blätter setzen (darunter eine reizende *Symmachia* mit goldigem Smaragdgrün auf der schwarzen Oberseite), und einige Heteroceren vor den elektrischen Lampen. Anny ist sehr begeistert von einer großen Gallinazo-Versammlung [Geier] an einer toten Mula und den ersten Papageien, die sie am Ufer sieht. Wenn die Trockenheit nicht so groß wäre, gäbe es sicher noch mehr zu sehen.

17. JULI An Bord der «Barranquilla». Gestern war ein großer Tag, besonders für Anny. Wir sahen eine große Menge von allem möglichen Getier, besonders riesige Leguane (von denen die Columbianer einige erlegten), unter ihnen solche mit einem prächtigen Smaragdgrün, und viele z.T. mächtige Krokodile, auf die fortwährend geknallt wurde. Auf toten Krokodilen, die flußabwärts trieben, saßen Scharen von Gallinazos [Geier]. Ferner bemerkten wir Wasserschweine und schöne Vögel. Dabei ist die Landschaft nur mit durchaus sekundärem Busch bedeckt. Am Spätnachmittag fällt der erste lang erwartete Regen. An den elektrischen Lampen wimmelt es des Abends von Heteroceren.

18. JULI An Bord d. »Barranquilla« unterhalb **Magangué**. Bei einem Gang ans Land, das noch immer der eigentlichen tropischen Üppigkeit entbehrt, fange ich meinen ersten *Heliconius* (schwarz mit roter Querbinde der Vorderflügel). Magangué, das wir abends erreichen, ist ein schmutziges Nest, fürchterliche Hitze des Abends, Gewitter. Zahllose Leuchtkäfer.

19. JULI Bei einem Gang durch kleineren Busch nahe dem ersten angelaufenen Halteplatz stelle ich fest, daß beim Klopfen aus jedem Busch Eryciniden auffliegen und sich nach Art der Spanner an die Unterseite von Blättern setzen. – Die Landschaft nimmt gegen Mittag einen Charakter an, der lebhaft an Gegenden in Afrika mit Sekundärwaldungen erinnert, wenigstens gleichen die Cecropien, die oft geschlossene Bestände bilden, auffallend den Regenschirmbäumen *(Musanga smithii)*, dazwischen stehen Heliconien mit brennendroten Blütenständen. Auf dem linken Ufer des Flußarmes, auf dem wir fahren, werden die ersten urwaldbedeckten Hügel sichtbar, aus der Ferne grüßt die blaue Cordillera central. Viele große Krokodile liegen an den Ufern. Sehr eigentümlich wirken inmitten der Tropenlandschaft die an unsere Trauerweiden erinnernden *Salix humboldtiana*, die oft geschlossene Bestände bilden.

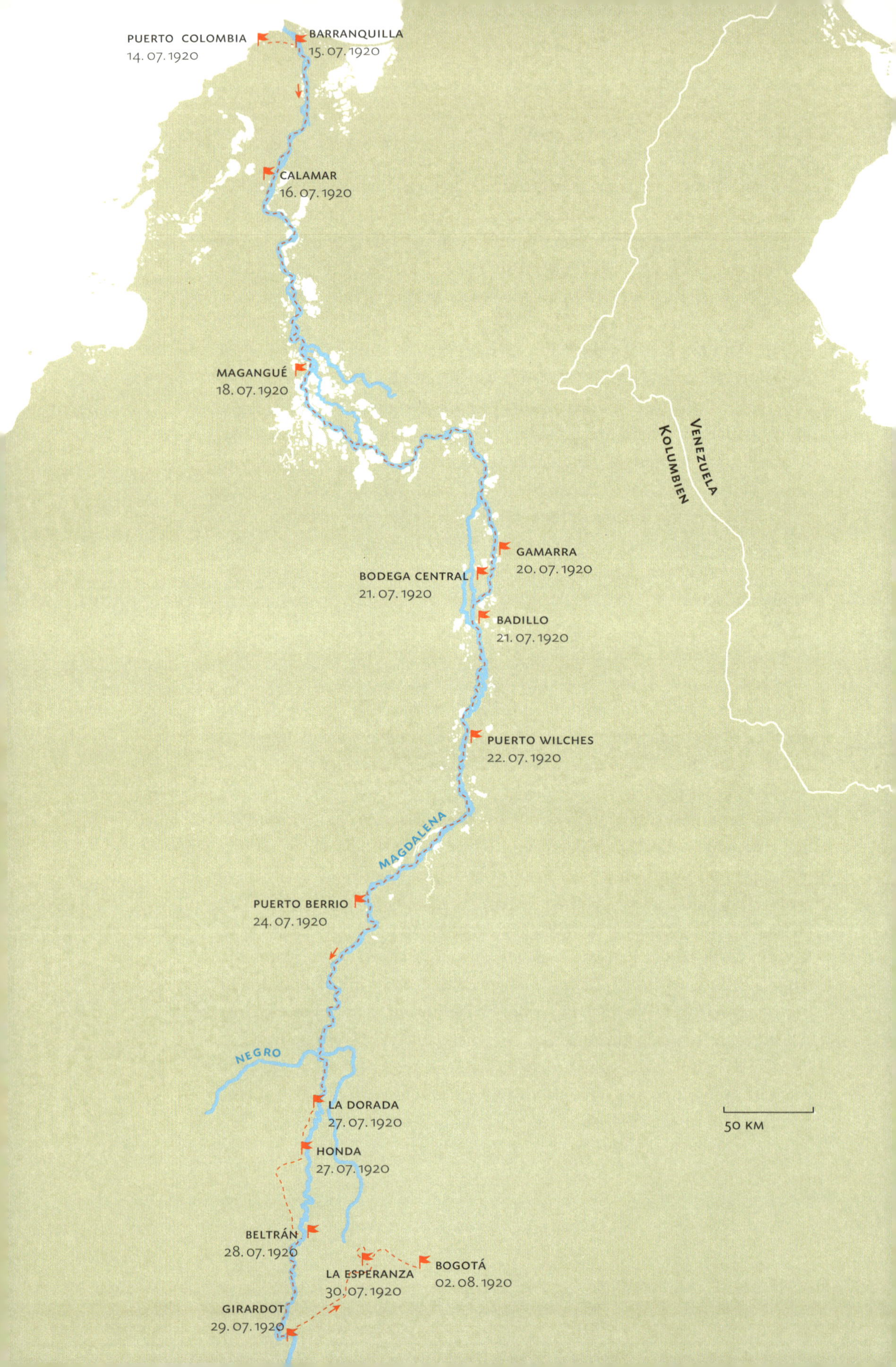
PUERTO COLOMBIA
14. 07. 1920
BARRANQUILLA
15. 07. 1920
CALAMAR
16. 07. 1920
MAGANGUÉ
18. 07. 1920
GAMARRA
20. 07. 1920
BODEGA CENTRAL
21. 07. 1920
BADILLO
21. 07. 1920
PUERTO WILCHES
22. 07. 1920
MAGDALENA
PUERTO BERRIO
24. 07. 1920
NEGRO
LA DORADA
27. 07. 1920
HONDA
27. 07. 1920
BELTRÁN
28. 07. 1920
LA ESPERANZA
30. 07. 1920
BOGOTÁ
02. 08. 1920
GIRARDOT
29. 07. 1920
VENEZUELA
KOLUMBIEN
50 KM

20. JULI An Bord d. «Barranquilla». Der Verfassungstag von Columbien. Bei sehr sonnigem heißem Wetter haben wir links die Berge von Santander, rechts – in größerer Ferne – die von Antioquia in Sicht. Stark gelichteter Urwald tritt auf größeren Strecken an den Fluß heran. Mehrfach fliegen die schönen *Urania fulgens* über den Fluß. Wir legen am Nachmittag bei Gamarra an. Hier entdecken unsere Leute eine große Giftschlange *(Lachesis)* in unserem Brennholz, die erlegt wird.

21. JULI An Bord d. «Barranquilla». Der erste Teil der vergangenen Nacht war fürchterlich, schlimmer noch als der Nachmittag des gestrigen Tages. Die jetzt durchfahrene Strecke wird von Cienagas [Sümpfen] begleitet. Das Fahrwasser ist z.T. schwierig. So machten wir vor **Bodega Central** fest. Außer einer wahnsinnigen Hitze wirkten die vielen Zancudos [Stechmücken] recht unangenehm. Bei **Badillo**, wo wir heute früh auslaufen und einem anderen Dampfer der Komp., der «Santander», begegnen, finde ich, unmittelbar am Holzplatz in einem kleinen Buschstück von 20 Meter im Geviert viele schöne Schmetterlinge, obschon die Jahreszeit dafür recht ungünstig. Eine *Uecebanitis polyhymnis* [?] kommt zur Begrüßung bereits am frühen Morgen in unsere Kabine. Einen schönen *Papilio* aus der *Aeneas*-Gruppe verfehle ich leider trotz des langsamen Fluges. Der Urwald tritt von Boca del Rosario ab jetzt an den Fluß heran, ist aber immer noch von Potreros [Weideparzellen] unterbrochen. Bei letzterem Orte fing ich in einer Cacaopflanzung schöne Schmetterlinge, allerdings meist verflogen, eine *Opsiphanes*, mehrere Eryciniden, 2 Heliconier, mehrere hübsche Ithomiden und eine herrlich rote *Catagramma*. Oberhalb Boca del Rosario wird im Weidengebüsch ein Jaguar flüchtig.

22. JULI An Bord der «Barranquilla». Gestern Abend, bereits bei Dunkelheit, gerieten wir offenbar in einen Moskitoschwarm, denn wir wurden alle jämmerlich verpikt. Die Nacht über lagen wir an einer Holzladestelle mitten im Urwald. Heute früh gab es Regen, dessen Spuren später überall an dem bisher ausgedörrten Lande zu erkennen waren. Vor **Puerto Wilches** wurde der Wald immer schöner. Prächtiger Urwald mit Unmengen von Epiphyten und Lianen herrschte vor. Vereinzelt schwebten prächtige Heliconier an den grünen zum Wasser abfallenden Blättervorhängen. In Pto. Wilches verläßt uns einer der deutschen Passagiere, Herr Horn, der von Bucaramanga aus das Land in Geschäften bereisen will. Bei Pto. Wilches fange ich den ersten stark mitgenommenen *Papilio protesilaus* [Abb. 72 S.128, 129], ebenso in unmittelbarer Nähe eines Wellblechhauses aus Unrat noch ein frisches Exemplar der schönen roten *Catagramma* und eine mir unbekannte Pieridae. Der große *Aganisthes odios*, der ebendort flog, entging mir leider. Wir sehen heute die ersten Affen und Arraras, die rot-gelb-blaue Art und die blaue mit gelber Brust.

23. JULI An Bord d. «Barranquilla». Bei der ersten angelaufenen Holzstelle fange ich im primären Walde einige schöne Heliconier. Anny ist sehr entzückt von dem Wald, in dem ich auch die ersten blau-gelben Arraras sehe. – Am Nachmittag kommen wir über Stellen des Flusses, an denen, von Quellen auf dem Boden herrührend, große Flecke Petroleum schwimmen. Etwas später passieren wir steile Lateritufer mit Urwald aus Kakaopflanzungen, an denen in großen Mengen die herrlichen *Urania fulgens* fliegen. Gegen Abend werden die großen Urwaldparzellen besonders schön. Wir sehen zahlreiche Pärchen der blau-gelben Arraras, die über den Fluß streichen.

24. JULI Nach einer unglaublich heißen, schwülen Nacht hofften wir schnell nach **Puerto Berrio** zu kommen, mußten aber sehr bald einem großen Dampfer, der auf eine Sandbank geraten war (die auch uns zu schaffen machte), aus der Klemme helfen, ihm wenigstens seine Leichter abnehmen. Dadurch verloren wir viel Zeit und kamen erst am Nachmittag in Puerto Berrio an. Die Umgebung, früher Urwald, ist jetzt meist in Potreros umgewandelt. Der Ort ist ein elendes Nest mit einem allerdings sehr guten, fast eleganten Hotel. Am Abend strömender Regen, in dem große Brassoliden nach Hause schwärmen. Ihre Raupen haben die Palmen der Gärten etc. arg mitgenommen.

25. JULI Am frühen Morgen nach kühler Nacht nahm ich in unserem Speiseraum einen großen *Caligo* fest, der sich an einem der Fenster niedergelassen hatte. Ich machte heute mehrere Spaziergänge in allernächster Nähe von Puerto Berrio, den ersten mit Anny. Wir sahen hier u. a. mehrere Kolibri-Arten, von Blumen eine herrlich blaue *Passiflora*, deren Früchte genießbar sein sollen. Beim zweiten Spaziergange mit Herrn Sophus Harbers (einem jungen Deutschen, der mit uns schon an Bord der Reusselaer war und nach Oroeué (am Rio Meta) geht), sah ich dann den ersten *Morpho*, einen herrlich

himmelblauen *Morpho menelaus*, der großartigste Anblick, der mir bisher in Südamerika zuteil geworden war. Am heutigen Holzplatz war wunderbar schöner, fast kühler Urwald, in dem es leider von Moskitos wimmelte. Eine wundervoll blaue *Thecla* erbeutete ich dort.

26. JULI Der Kapitän fuhr heute wie der Teufel ohne anzuhalten. Das bedeutete für mich eine große Enttäuschung angesichts der – prachtvoll für kurze Ausflüge gelegenen – Holzplätze. Ich litt wahre Tantalusqualen, als wir an solchen Stellen vorbeikamen, an denen ganze Scharen der herrlich schwarzgoldgrünen *Urania fulgens* oder der riesigen *Papilio archesilaus* schwärmten, wie ich durch mein Glas deutlich erkennen konnte. Gegen Abend passierten wir auf dem rechten Ufer die Mündung des Rio Negro mit klarem Wasser. Bei Regenwetter überholen wir einen kleinen deutschen Dampfer, der mit uns an derselben Haltestelle anlegt.

28. JULI An Bord des Magdalena-Dampfers «Eugenia». Nachdem wir am frühen Morgen **La Dorada** erreicht hatten, wurden wir erst am Nachmittag in die Bahn verladen, die uns aber zunächst nur bis **Honda** beförderte, wo wir in dem sehr netten Hotel Amerika logierten. (Hübscher Platz mit zahmen und wild herumfliegenden Vögeln.) Einige Spaziergänge mit Herrn Altmann aus Ibague zeigten uns die reizvolle Lage des an Brücken reichen Honda. Am Abend hatten wir die erste Aussicht auf den schneebedeckten Ruiz. Heute Morgen ging dann die Bahnfahrt weiter (5 Uhr), nachdem ich die Nacht durchgewacht hatte. In Beltran macht es die größten Schwierigkeiten (viele Scherereien), die Karten für den Dampfer zu bekommen, ohne den bereits in Honda engagierten Muchacho [Burschen], ein Mordsgauner, wäre es aber ganz unmöglich, der mannigfachen Umständlichkeiten Herr zu werden. Wir bekommen dank der liebenswürdigen Unterstützung von Dr. Calderon (der mit uns aus Europa gekommen war) eine Kabine, so daß wir nicht gezwungen sind, an Deck zu nächtigen. Die Gegend erscheint sehr öde, was die Vegetation anbetrifft, obschon schön blühende Bäume sichtbar werden. Da war die Eisenbahnfahrt am Tage vorher doch noch hübscher durch die malerische, oft an Thüringen oder gar Norddeutschland erinnernde Landschaft.

29. JULI Der Kapitän der «Eugenia» fuhr die Nacht durch trotz der bedrohlich aussehenden Schnellen, die an den durch Felsen eingeengten Stellen immer häufiger wurden. Im Morgengrauen lagen wir vor **Girardot**. Dort besuchen wir den Kintopp, wo ein fürchterliches amerikanisches Kriminalstück abgekurbelt wird.

31. JULI **Esperanza.** Spaziergänge in die nächste Umgebung des Ortes, in die mit Bambus bestandene Quebrada und in das Cafetal [Kaffeepflanzung] unseres Hotelwirtes bringen uns wunderschöne Schmetterlinge. 2 *Papilio*-Arten aus der *Aeneas*-Gruppe, darunter den herrlichen *lycimenes*, schöne Heliconier und viele Ithomiden, auch herrlich blaue *Theclas* und einen großen *Caligo*.

2. AUGUST **Bogotá.** Eine prächtige Fahrt liegt hinter uns. Trotz strömenden Regens kommt die wildromantische Landschaft vollkommen zur Geltung. Bald beginnt das Reich der Baumfarne (hier viel höher als in Afrika) und wunderbarer Bananen. Der Höhenwald wird von Stunde zu Stunde großartiger, soweit er nicht von Potreros – es wird furchtbar im Walde gewütet – unterbrochen wird. Die Bäume sitzen voll von Orchideen und Bromeliaceen. Es ist das Reich des herrlichen *Morpho sulkowskyi* [=*Morpho lympharis,* Abb. 61 S. 114, 116]. Bei 3000 m überschreiten wir (ein kurzer Tunnel wird durchfahren) einen Kordillerenzug und kommen in eine nordisch anmutende Landschaft. Unter den Pflanzen längs der Bahn bemerke ich einen scharlachroten Salbei, Kornblumen, blaue (nur gesättigter gefärbte) Lobelien, Erdbeeren und natürlich in großen Mengen unseren Adlerfarn (der auch schon bei Esperanza aufgetreten war) sowie unseren Fingerhut, der hier überall zwischen Baumfarnen und Passifloren wuchert. Eine meiner Ansicht nach recht störende Fälschung der Landschaft sind die immer häufiger werdenden Eucalypten, die förmlich aufgeforstet werden, um die schändliche Vernichtung des Hochwassers wieder auszugleichen. Ab und zu tritt eine hochragende einsame Palme (ob *Ceroxylon*?) auf. Auf den Felsblöcken wachsen in ganzen Polstern die in unseren Gewächshäusern so selten blühenden Masdevallien, diese eigentümlich dreizipfligen Orchideen.

4. AUGUST Bogotá. Die uns von Einheimischen empfohlene Pension hat uns wenig zugesagt (Schmutz, schlechtes Essen, dunkle Zimmer, Flöhe). Wir haben daher den Schlafplatz gewechselt und wohnen nunmehr im Hotel Europa, dessen Besitzer, ein Deutscher (Eilers), uns Vergünstigungen gewährt.

7. AUGUST Bogotá. Wir haben uns jetzt etwas in Bogotá umgesehen und bereits einen kleinen Bekanntenkreis. Bogotá zeigt sich infolge der vielen – in diesem Monat programmwidrigen – Regengüsse nicht von seiner günstigsten Seite: Infolge der höchstens dreistöckigen Häuser ist die Stadt sehr ausgedehnt. Die Straßen werden eingeteilt in Calles [Gassen] und, rechtwinklig zu diesen verlaufend, Carreras [Schnellstraßen]. Die Calles steigen alle gegen die Cis-Kordillere an, an die Bogotá sich anlehnt, so daß sie nach dieser Seite hin eine wunderbar schöne Aussicht auf die Montserrate oder Guadeloupe gewähren. Die beiden Kirchen, die dort standen, sind vor 2 Jahren bei dem letzten großen Erdbeben umgestürzt, eine von ihnen hat man, wie mir scheinen will, wenig geschmackvoll wieder aufgebaut. In den Straßen der City herrscht ein Menschengewimmel, merkwürdig in seiner Zusammensetzung, in der man alle Abstufungen von Peonen [Tagelöhner] in zerlumpter Ruana [Leinenkleidung] und Alpargatas [Leinenschuhe] bis zum Dandy vorfindet.

Dazu kommen als eigentümliche Ingredienz die Soldaten aller Grade in preußischen Uniformen, die mir hier ziemlich deplaziert vorkommen. – Unter den Deutschen bestehen 2 Parteien, die sich ziemlich heftig befehden, leider! Heute wurden wir durch einen sehr freundlichen alten Rechtsanwalt, Ospina, zu einer Wagenfahrt eingeladen, die hauptsächlich an der Ostgrenze der Stadt am Fuße des Guadeloupe und Montserrate entlangführte. Die untere Paramovegetation, zu der die ragenden Eucalypten merkwürdig kontrastieren, ist reich an schön blühenden Kräutern und Sträuchern.

10. AUGUST Bogotá. Am Abend sehen wir von unserer Straße aus zum erstenmale den Tolima.

11. AUGUST Bogotá. Ich mache mit Anny zusammen einen Spaziergang an den Fuß des Montserrate. Wir fangen zusammen einige Schmetterlinge, darunter den sehr flüchtigen *Colias dimera* [Abb. 17 S. 68, 70].

15. AUGUST Bogotá. Ich habe den heutigen Sonntag dazu benutzt, mit Anny und Tommy einen Ausflug nach dem berühmten Tequendama-Fall zu machen. Daher die Eisenbahnfahrt durch die Savanna mit ihren von Mauern eingefaßten Hacienden (Potreros, Mais, Weizenfelder, saftige (oft moorige) Wiesen), der Kaktusstrauch jetzt in Blüte und die zahlreichen Agaven bieten viel Reizvolles. Am Endpunkte der Fahrt – Kostenpunkt für beide nur 1,25 Pesos – hin und zurück – war die Landschaft schon äußerst romantisch. Der Fluß wird hier von den Randbergen eingezwängt. Zahllose Epiphyten (Ananasgewächse und Orchideen, von denen ein roter Epidendron sehr reich blüht) bedecken Bäume und Felsen. Der Tequendama-Fall ist schon von weitem durch die Wolke des stäubenden Wassers erkennbar. Auf dem rechten Ufer üppigster Höhenwald. Am Wasserfall selbst merkwürdige Pflanzenvarianten, eine herrliche *Passiflora* (karminrot und kornblumenblau). Mit Beklemmung und Staunen sehen wir die gelben Wassermassen über die Felsen in die ungeheure Tiefe stürzen. Eine Photographie von der günstigsten Stelle – am linken Ufer – aufzunehmen, verhindert leider der ständig aufwirbelnde Wasserdampf. Abwärts erkennen wir einige hübsche Falter, die leider erkennen lassen, daß die günstigste Zeit vorbei ist. Darunter – an *Chusquea* – große *Corades*, *Lymanopoda*-Arten, sowie ein mir neues Pieriden-Geschlecht *Tatochila* mit wunderschönen Unterarten.

29. AUGUST Bogotá. Nachdem wir die ganze vergangene Woche unterwegs waren, um die verdammten Apothekerwaren (auf die wir soviel Hoffnung gesetzt hatten) an den Mann zu bringen – sehr zum Schaden unserer Nerven und trotz mancher herrlicher Sommertage, die zum Herumstreifen in der Natur einluden –, haben wir endlich! den heutigen Sonntag zu einem intensiven Ausflug ausgenutzt. Unser Ziel war der Montserrate, an dessen Fuß ein Teil der Stadt Bogotá liegt. Wir nahmen einen kleinen Jungen zum Tragen des Photographenapparates mit, und ihm schloß sich unaufgefordert eine Anzahl anderer an. Je höher wir stiegen, desto reicher und charakteristischer wurde die Paramovegetation. Der Fingerhut bildete förmlich Dickichte von fast 2½ m Höhe. Mit Erscheinen des Bergbambus *(Chusquea)* traten auch immer mehr Schmetterlinge auf, vorwiegend dunkle Satyriden (*Pedaliodes* u. a.). Bei etwa drei Vierteln der Höhe war das Leben der Falter am reichsten. Hier fing ich eine wunderbare dunkelblaue *Thecla*-artige Lycaenide und – gänzlich unerwartet – 2 *Catasticta*-Arten, darunter ein Stück der herrlichen *uricoecheae* [Abb. 4 S. 51] mit der scharlachroten Oberseite der Hinterflügel. Diese Pieriden, die sich durch die lange Behaarung des Thorax als echte Hochgebirgstiere erwiesen, gehören zu den allermerkwürdigsten ihrer Familie. Mit ihrem eigentümlichen halb schwirrenden, halb schwebenden Flug erinnern sie etwas an die Parnassier, aber auch an gewisse *Argynnis*-Arten, z.B. *arsilache*, mit dem sie ja auch die kostbare Unterseite gemeinsam haben. Jedenfalls weichen sie in ihrem Gebaren vollkommen von allen anderen Pieriden ab. Unser Vergnügen wurde leider sehr getrübt durch Tausende betrunkene Personen, die von ihrer Wallfahrt nach der Kirche zurückkehrten und unter Tiple-Geklimper ihre chichaduftenden Gesichter zwischen unser Fanggeschäft steckten, ein ekelhaftes neugieriges Volk, das einem jede Freude an der Natur nehmen zu wollen scheint. Wir machten dieselbe Erfahrung wie auf unserer Tequendama-Tour, nämlich die, daß man an einem Sonntag Derartiges nicht unternehmen soll. Wir beendeten unsere Kletterei auf den schauderhaften Wegen bei der «gnadenreichen» Kirche, einem Neubau für die beim letzten Erdbeben eingestürzte – eine architektonische Scheußlichkeit ersten Ranges. Mit arg malträtierten Füßen, die bei jedem Meter des Abstiegs schmerzten, traten wir den Rückweg an, Anny mit einem Halbcentnerstrauß herrlicher Paramoblumen. Um 3 Uhr langten wir im Hotel an, bis auf Tommy, der für diese Tour vier Beine zur Verfügung hatte und sich an zwei Kordillerenquellen laben konnte, in ziemlich ramponiertem Zustande.

6. SEPTEMBER Montag. Ich fahre in der Frühe von Bogotá ab. Anny begleitet mich zur Bahn. In der tierra templada große Dürre. Dr. Kellner fährt bis Girardot mit.

16. DEZEMBER 1925 Rancho des Julian Martelo dicht bei dem Grundstück «El Salado» von Charles Gautier. Vorgestern früh trafen wir (d.h. der General Sanchez, einige andere Begleiter – mit dem Gepäck – und ich) hier ein. Von hier aus soll ich meine Ausflüge einrichten. – Wir machten noch am selben Tage eine ziemlich anstrengende Excursion, um uns über die Lage eines mit dem Buchstaben P. bezeichneten wichtigen Punktes zu vergewissern. Gestern war ich wieder an derselben Stelle, diesmal schon mit Ausführung vorläufiger Arbeiten beschäftigt. Diese Arbeiten waren bei der geringen Gangbarkeit des Geländes und der großen Hitze recht anstrengend. Die Landschaft wird charakterisiert durch einen Wald, der ein Mittelding ist zwischen Regen- und Trockenwald und dessen bezeichnendster Baum der «Macondo» ist, über dessen Natur ich mir noch nicht im Klaren bin. Er erinnert im Stamm etwas an schlankere Exemplare der afrikanischen *Adansonia*, z. Zt. ist er meist laublos. Er soll weiches Holz haben und dadurch den zahlreichen Arraras (rot-grünen und blau-gelben) willkommene Brutstätten bieten. – Einer der Begleiter meiner gestrigen Expedition schoß – sehr gegen meinen Willen – aus einem Pärchen das eine Stück herunter, das am Flügel schwer waidwund war. Der Jammer des übrigbleibenden Ehegatten und der anderen Arraras schnitt mir ins Herz. Der kranke Vogel wurde ins Gras gelegt und kletterte später auf den Pfahl eines Zaunes, jammervoll klagend. Der Colombianer verdient wohl den Ruf, das grausamste Volk der Welt zu sein. – Ich fühle mich gar nicht wohl, da mir mein Darm zu schaffen macht. Hier im Rancho gibt es viele Zancudos, leider fast alles *Anopheles.*

18. DEZEMBER Rancho des Julian Martelo. Heute habe ich die vorläufige Vermessung (mit Kompaß) beendet. Diese Arbeit ist sehr dornenvoll (z.T. wörtlich zu nehmen). Bereits am ersten Tage meines Hierseins wäre ich fast verunglückt: Im dichten Unterholz riß mich ein dorniger Guaduas-Zweig (Bambus) von der Mula, die durchging. Da ich mich aber aus den Bügeln befreien konnte, so passierte weiter nichts. Nur der Rock ist hin! – Die Trockenzeit ist fürchterlich. Die kahlen «Macondo»-Bäume wirken fast gespensterhaft und verstärken den Eindruck des Trostlosen. – Wirklich

schön aber sind die zahlreichen Arraras (Guacamaya), die mich jeden Tag von neuem erfreuen, besonders die blau-gelben. Meine Messungen haben bis jetzt ergeben, daß Charles Gautier nicht viel mehr Gebiet in Besitz genommen hat, als ihm zusteht!

«Der Versandt solcher Kistchen selbst über See»

F. Boretius, um 1900

Oft kommt es vor, daß man das Aufspannen nicht rechtzeitig vornehmen kann und der Falter also schon zu trocken und infolgedessen steif geworden ist, oder daß man einen fertigen Falter, weil schlecht gespannt, umspannen will. Dies macht keine Schwierigkeiten, wenn man ihn wieder aufweicht. Das Aufweichen ist überhaupt nicht zu umgehen, wenn man Schmetterlinge in Tüten aus fremden Ländern direkt oder indirekt bezieht. Da dieselben im ausgespannten Zustande zu viel Raum einnehmen würden, ihre Verschickung also mit zu hohen Transportkosten verbunden und überdies eine Beschädigung der Tiere durch Stoß zu befürchten wäre, wickelt man jeden Schmetterling mit zusammengelegten Flügeln in ein Blatt Papier, das man in Form einer Tüte zusammenfaltet; diese Tüten werden dann in ein Kistchen gelegt, das damit ganz ausgefüllt wird, und der Versandt solcher Kistchen selbst über See ist für den Inhalt völlig sicher. Das Aufweichen solcher Schmetterlinge geschieht in der Weise, daß man auf einen Teller nassen Sand bringt, die Tiere, vom Sand durch eine passende Unterlage getrennt, darauf legt und das Ganze mit einer Glasglocke, in Ermangelung derselben mit einem Holzkistchen, überdeckt. Die Luft in der Glasglocke wird dadurch feucht erhalten, und die Feuchtigkeit erweicht die Flügel und Fühler der Schmetterlinge, bei kleinen Arten oft schon in wenig Stunden, bei großen erst in mehreren Tagen. Gar zu lange darf man jedoch die Tiere nicht in einer solchen Atmosphäre lassen, da sie sonst leicht schimmelig werden oder ganz zerweichen. Auch hier gibt einige Erfahrung die beste Belehrung.

"LA HABANA"
VILLAMIZAR HERMANOS
BUCARAMANGA
HABANA
"LA HABANA"

"LA HABANA"
VILLAMIZAR HERMANOS
BUCARAMANGA

Gran manufactura de Cigarros puros fundata en 1902
SUPER
VILLAMIZAR HERMANOS
"LA HABANA"

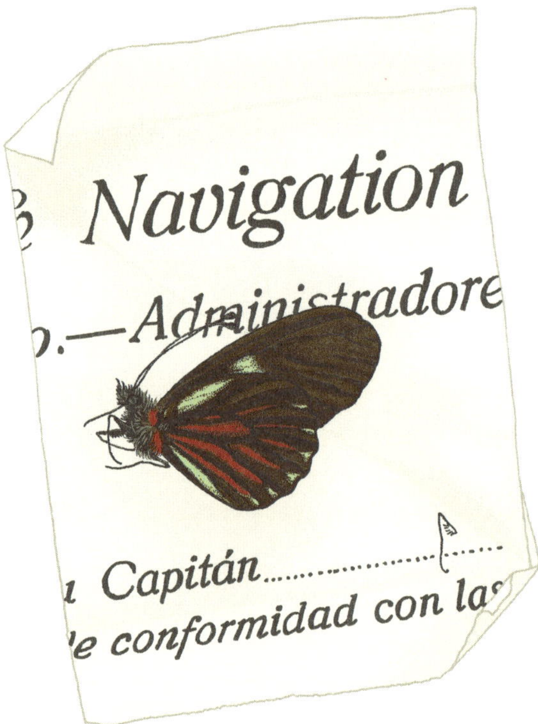

3 PIERIDAE *Archonias bellona f. cutila* Fruhst., Kolumbien: Guape, 23.11.22

4 PIERIDAE *Catasticta uricoecheae* Fldr., Kolumbien: Q. Chico, 7. XII. 1924

5 SATURNIIDAE *Syssphinx* Hbn. spec., Kolumbien: El Banco / Magdalena, 19. XII. 1920

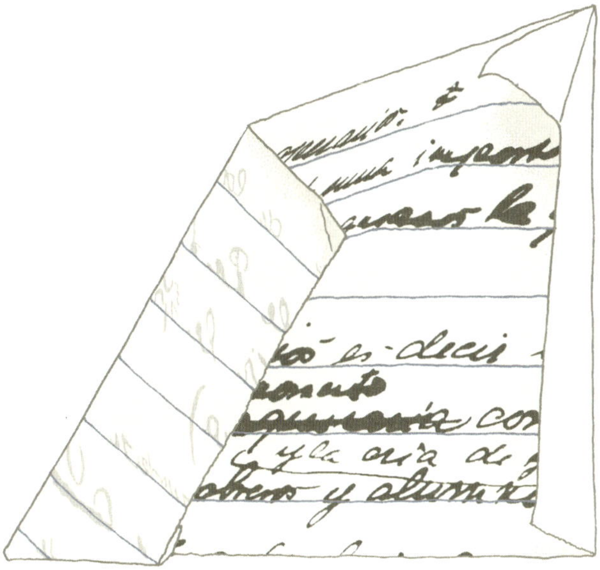

6 NYMPHALIDAE *Hypanartia kefersteini* Dbl., Kolumbien: Tequendama, 6. I. 1925

7

8

7 SATYRIDAE *Lymanopoda samius* Dbl., Kolumbien: S. Cristóbal, 28. XII. 1924
8 SATYRIDAE *Corades pannonia f. ploas* Thieme, Kolumbien: S. Antonio, 7. XI. 1924

7

8

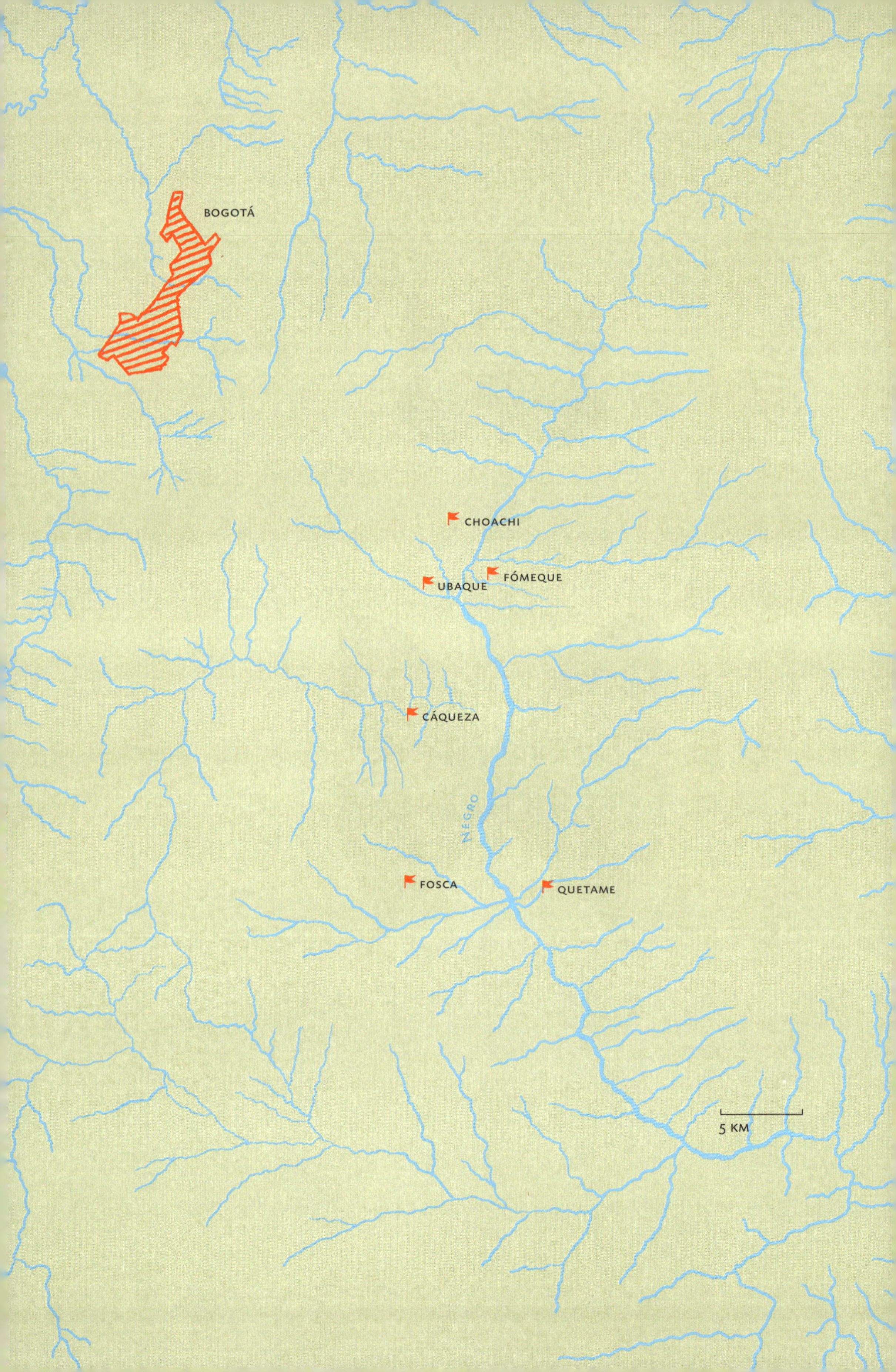
BOGOTÁ
CHOACHI
UBAQUE
FÓMEQUE
CÁQUEZA
NEGRO
FOSCA
QUETAME
5 KM

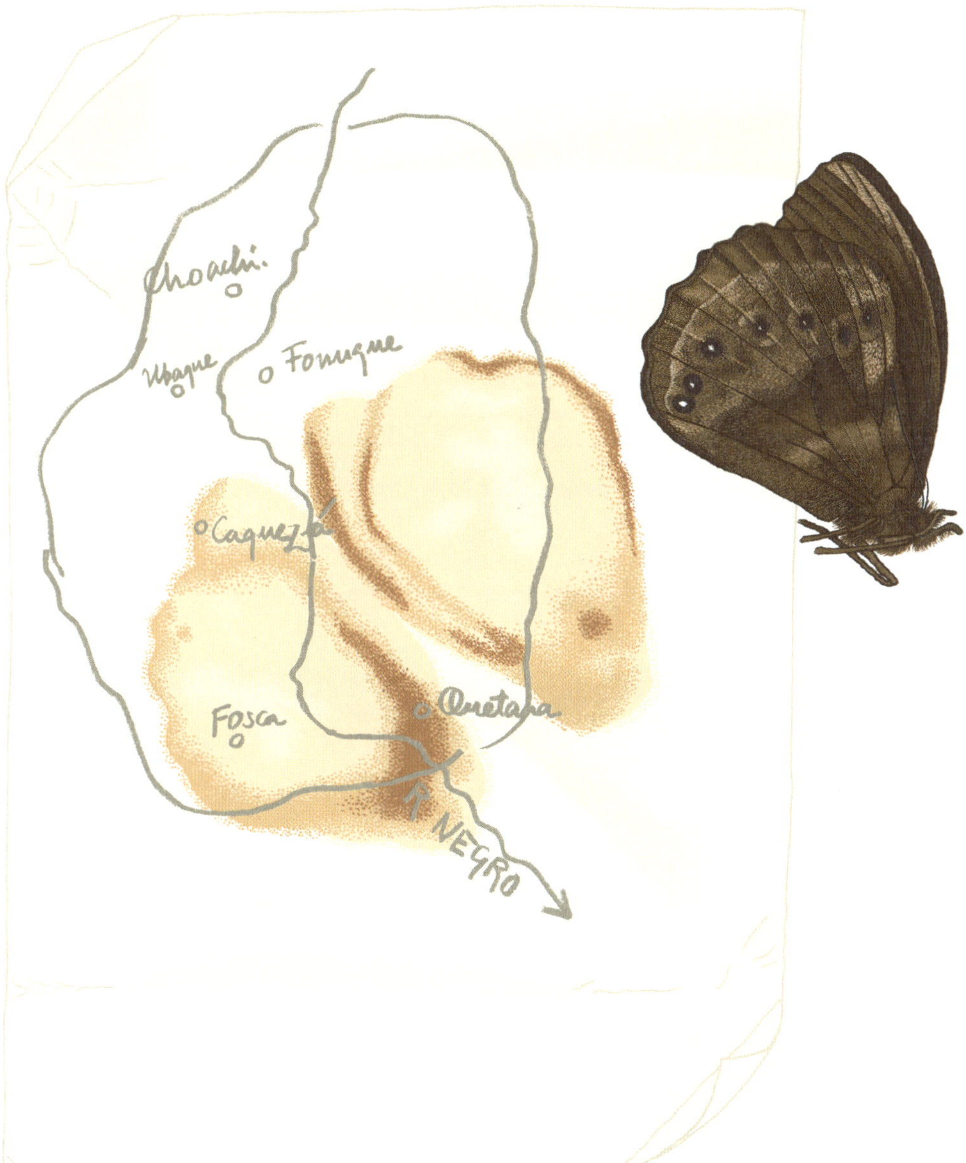

9 SATYRIDAE *Pronophila orcus* Latr., Kolumbien: S. Antonio, 7. XI. 1924

10 SATURNIIDAE *Rothschildia zacateca* Westw., Kolumbien: Guasca, 11. VIII. 1924

10

11

12

11 HESPERIIDAE *Phocides* Hbn. spec., Kolumbien: La Puerta, 28. III. 1925
12 SATURNIIDAE *Rothschildia zacateca* Westw., Kolumbien: bei Guasca, 16. VI. 1924
13 NYMPHALIDAE Puppe der seltenen *Adelpha* Hbn. spec.

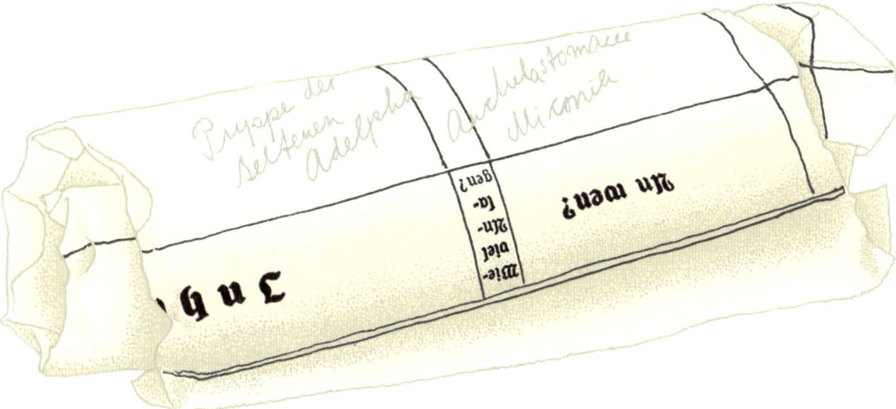

13

7. APRIL 1928 Playoncito am Chinchicuá. [...] Kurz darauf finde ich frisch geschlüpft an der Puppenhülse die wunderschöne große *Adelpha*, die ich bei San Sebastian bereits fand. Dieser Fund veranlaßt mich, an der Futterpflanze *Miconia* (Melastomaceae) nochmals Nachschau zu halten, und dabei finde ich noch eine lebende Puppe, ein wahres Juwel in Chokoladebraun und opalisierendem Silber.

«Sammeln auf Reisen»

Der Schmetterlingssammler, Illustrierte Taschenbücher für die Jugend (o. J.)

Wer auf einer größeren Reise Gelegenheit hat, Falter sammeln zu können, der kann solche sehr leicht in Papiertüten trocknen und so in kleinem Raume eine große Anzahl unterbringen. Man nimmt dazu ein Stück Schreibpapier, welches länger als breit ist. An den Breitseiten knifft man einen 1 cm breiten Streifen um, wie die durch kurze Striche angegebenen Linien der Zeichnung zeigen. Zwei gegenüberliegende Endpunkte der Linien verbindet man wieder durch einen Kniff, den die punktierte Linie anzeigt. Legt man nun das Papier in dem punktierten Kniff zusammen und schlägt die Seiten in den gestrichelten Kniffen um die Ränder, so erhält man eine dreieckige, geschlossene Tüte, die man durch Aufheben der umgeschlagenen Seiten leicht öffnen kann. In jede solche Tüte wird ein Falter mit nach oben zusammengelegten Flügeln eingelegt und an einem warmen Ort getrocknet. Nach dem Trocknen des Falters können die Tüten ohne weiteres Verpackungsmaterial in ein festes Kästchen dicht eingelegt und so weiter mitgeführt oder nach Hause gesandt werden. Die Körper dickleibiger Falter erhalten in den Papiertüten leicht eine zusammengedrückte Form, deshalb ist es bei diesen besser, sie aufgespießt in einem mitgeführten Kästchen unterzubringen, ebenso auch die Eulen, deren Form leicht leidet, wenn man ihre Flügel über dem Leib zusammenschlägt.

Die Tütenfalter werden zu gelegener Zeit, z. B. im Winter, gespannt, nachdem man sie zuvor aufgeweicht hat. Damit sie beim Aufweichen nicht mit dem feuchten Sande direkt in Berührung kommen, wodurch manche Arten Flecke erhalten, legt man sie, nachdem sie mit der Pincette aus der Papiertüte herausgenommen sind, auf ein Stückchen Drahtgaze, welche durch Unterlegen kleiner Steinchen etwa 1 cm von dem Sande absteht.

können die Tüten ohne weiteres Verpackungsmaterial in ein festes Kästchen dicht eingelegt und so weiter mitgeführt oder nach Hause gesandt werden. Die Körper dickleibiger Falter erhalten in den Papiertüten leicht eine zusammengedrückte Form, deshalb ist es bei diesen besser, sie aufgespießt in einem mitgeführten Kästchen unterzubringen, ebenso auch die Eulen, deren Form leicht leidet, wenn man ihre Flügel über dem Leib zusammenschlägt.

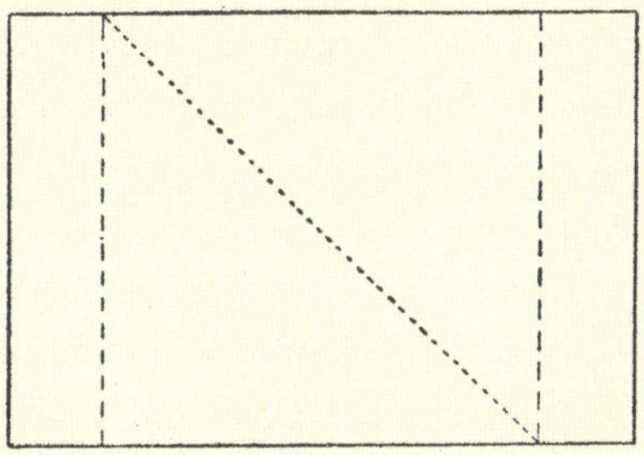

Papier zur Aufnahme gesammelter Falter, offen.

Die Tütenfalter werden zu gelegener Zeit, z. B. im Winter, gespannt, nachdem man sie zuvor aufgeweicht hat, wie es Seite 62 gesagt worden ist. Damit sie beim Aufweichen nicht mit dem feuchten Sande direkt in Berührung kommen, wodurch manche Arten Flecke erhalten, legt man sie, nachdem sie mit der Pincette aus der Papiertüte herausgenommen sind, auf ein Stückchen Drahtgaze, welche durch Unterlegen kleiner Steinchen etwa 1 cm von dem Sande absteht.

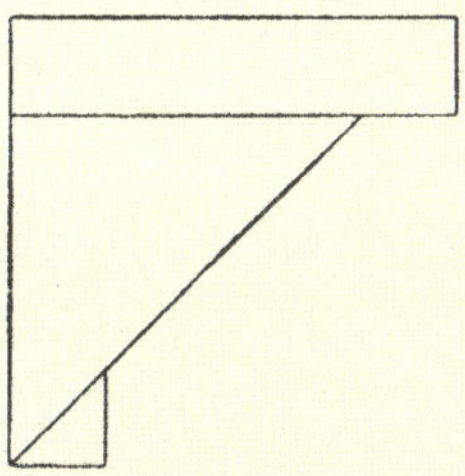

Zusammenfalten des Papiers.

Raupen lassen sich auf Reisen zwar sammeln, aber, falls man nicht längere Zeit an einem Orte verweilt, nicht leicht züchten, denn das Mitführen der Zuchtkästen ist zu

«Ein strahlender Edelstein»

Alfred Russel Wallace, 1886

Am nächsten Tag aber herrschte heller Sonnenschein, und mir wurde das Glück zuteil, eines der herrlichsten Insekten zu fangen, die es auf Erden gibt, den großen vogelflügeligen Falter *Ornithoptera poseidon.* Ich zitterte vor Erregung, als ich ihn majestätisch auf mich zukommen sah, und konnte wirklich erst an meine Glückssträhne glauben, nachdem ich ihn aus dem Käscher genommen hatte und in ergriffener Bewunderung auf die schwarzsamtenen, grünschillernden Flügel von sieben Zoll Breite, seinen goldenen Körper und seine karmesinrote Brust starrte. Natürlich hatte ich ähnliche Insekten in Sammlungen zu Hause gesehen, aber es ist etwas ganz anderes, selbst einen zu fangen – ihn zwischen den Fingern zappeln zu fühlen und in frischer und lebendiger Schönheit zu erblicken, ein strahlender Edelstein, der aus dem dunklen verschlungenen Wald hervorbricht. Das Dorf Dobbo beherbergte an diesem Abend mindestens einen zufriedenen Menschen.

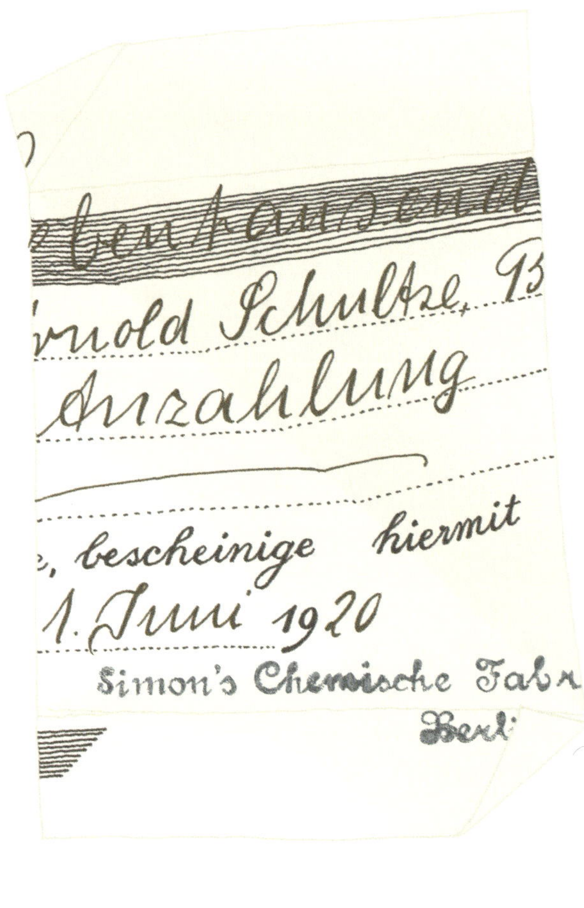

BOCK Y CA
TRADE MARK
BOCK Y CA HABANA
FABRICANTES
HABAN
ESPOSICION INTERNACIONAL DE CHILE EN 1875
REPUBLICA D
IMPUESTO D
TRES CENTAVOS
DIEZ CENTAVOS

BOCK Y Ca
TRADE MARK
EL AGUILA DE ORO
BOCK Y Ca HABANA
ESPOSICION INTERNACIONAE DE CHILE EN 1875
REPUBLIQUE FRANÇAISE
FABRICANTES DE TABACOS
WELTAUSSTELLUNG 1873
NATIONAL EXHIBITION PHILADELPHIA
AWARDED BY UNITED STATES CENTENNIAL COMMISSION
HABANA

14 SATYRIDAE *Lasiophila sombra* Thieme, Kolumbien: S. Antonio, 9. XI. 1924

15

16

17

18

19

20

21

22

15 PIERIDAE *Perrhybris* Hbn. spec., Kolumbien: Guayuriba, 1. XII. 1922
16 PIERIDAE *Dismorphia nemesis* Latr., Kolumbien: El Cedro, 1370 m., 4. V. 1921
17 PIERIDAE *Colias dimera* Doubleday & Hewitson, Kolumbien: Chapinero, 11. II. 1924
18 PIERIDAE *Serdis fractifascia* Fldr., Kolumbien: S. Cristobal, 17. I. 1925
19 PIERIDAE *Charonias eurytele* Hew., Kolumbien: Villa Vicencio, 14. II. 1922
20 PIERIDAE *Dismorphia lewyi* Lucas, Kolumbien: Villa Vicencio, 13. II. 1922
21 PIERIDAE *Dismorphia orise* Bsd., Kolumbien: Quebrada. Trinidad. Wasserscheide, Magdalena Orinoco, 1600 m., 21. V. 1921
22 SATYRIDAE *Callitaera* Btlr. spec., Kolumbien: La Coralina, 15. VI. 1921

16

17

20

21

23 SATYRIDAE *Polymastus doraete* Hew., Kolumbien: S. Cristobal, 17. 1. 1925, Riß im Vfgl.

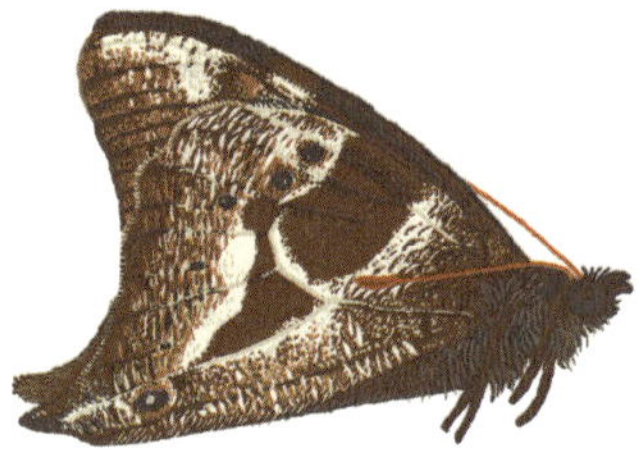

24

25

26

24 SATYRIDAE *Corades cistene f. dymantis* Thieme, Kolumbien: S. Cristobal, 28. xii. 1924

25 PIERIDAE *Archonias tereas f. critias* Fldr., Kolumbien: Dolores – Rio Negro, 29. iii. 1922

26 PIERIDAE *Archonias tereas* Godt., Kolumbien: Perico, 31. xiii. 1923

27 PIERIDAE *Dismorphia pinthaeus f. amelina* Hopff., Kolumbien: Pinas, 22. ii. 1922

28 PIERIDAE *Dismorphia* spec., Kolumbien: Perico, 24. ix. 1923

27 

28 

27. JANUAR 1927 San José. Kaisers Geburtstag. Gestern Abend noch lenkten die Kinder meine Aufmerksamkeit auf eine riesige *Brassolidae*, die ihre Eier an Ananas ablegte, Eier von mehr als 2 mm Durchmesser. Es handelt sich offenbar um eine *Dynastor*-Art.

25. MÄRZ 1927 Santa Marta. Die Funde, die mich am meisten überrascht hatten, war eine der bunten *Dismorphia* und am Rio Piedras ein ganz frisches Stück von *Papilio zagreus*, auf einem Palmwedel sitzend, in einer stark abweichenden, sehr hellen Form. Auch diesmal fiel mir wieder der eigentümliche Geruch dieser Tiere auf, ein Gemisch aus Vanille und Creosol. Ein zweites Exemplar der Art scheuchte ich am Rio Piedras auf. – In einigen 2–3 Wochen müsste dort oben viel los sein. Die meisten der Tiere sind ganz frisch.

7. AUGUST 1927 Santa Marta. (Sonntag) Vorher noch gelang es mir, nach langen zunächst vergeblichen Bemühungen, ein bereits stark verflogenes Männchen des *Agrias aedon* in einer prachtvollen Varietät zu überlisten (der sich in großer Höhe abwechselnd an einen Macondo-Stamm und eine abgestorbene «Curua»-Palme setzte). Da ich fast den ganzen Weg zu Fuß laufen und überdies die stark ermüdete ängstliche Mula hinter mir herziehen musste, kam ich erst kurz vor 6 Uhr in Rio Frio wieder an.

«Jage keine Schmetterlinge, Kind»

Vladimir Nabokov, 1966

Ich habe Schmetterlinge in den verschiedensten Landstrichen und Verkleidungen gejagt: als hübscher Junge in Knickerbockern und einer Matrosenmütze; als schlaksiger heimatvertriebener Kosmopolit in Flanellhosen und Baskenmütze; als dicker hutloser alter Mann in kurzen Hosen. Die meisten meiner Sammlungsschränke haben das Schicksal unseres Hauses in Wyra geteilt. Der in unserem Stadthaus und die kleine Ergänzung, die ich im Museum von Jalta hinterließ, sind zweifellos von Teppichkäfern und anderem Ungeziefer vernichtet worden.

Ich fand heraus, daß ein Lepidopterologe, der seiner stillen Suche nachgeht, in anderen Wesen leicht seltsame Reaktionen auslöst. Wie oft, wenn es zu einem Picknick ging und ich verlegen versuchte, meine bescheidenen Gerätschaften unbemerkt in den nach Teer riechenden Char-à-bancs (ein Teerpräparat sollte die Fliegen von den Pferden fernhalten) oder in das nach Tee riechende Opel-Cabriolet (so roch Benzin vor vierzig Jahren) hineinzuschmuggeln, bemerkte irgendeine Cousine oder Tante: «Mußt du dieses Netz da wirklich mitnehmen? Kannst du dich nicht wie ein normaler Junge beschäftigen? Findest du nicht, daß du allen den Spaß verdirbst?» Gerade als ich im Begriff stand, in der Nähe eines Wegweisers nach Bodenlaube bei Bad Kissingen in Bayern meinen Vater und den majestätischen alten Muromzew (der vier Jahre vorher, 1906, Präsident des ersten russischen Parlaments gewesen war) auf einen langen Spaziergang zu begleiten, wandte dieser mir, einem verletzlichen Elfjährigen, sein marmornes Haupt zu und sagte mit seiner berühmten Feierlichkeit: «Komm auf jeden Fall mit, aber jage keine Schmetterlinge, Kind. Es stört den Rhythmus des Spaziergangs.»

Abb. S. 75, 76, 77 aus «The Butterfly Guide», 1915

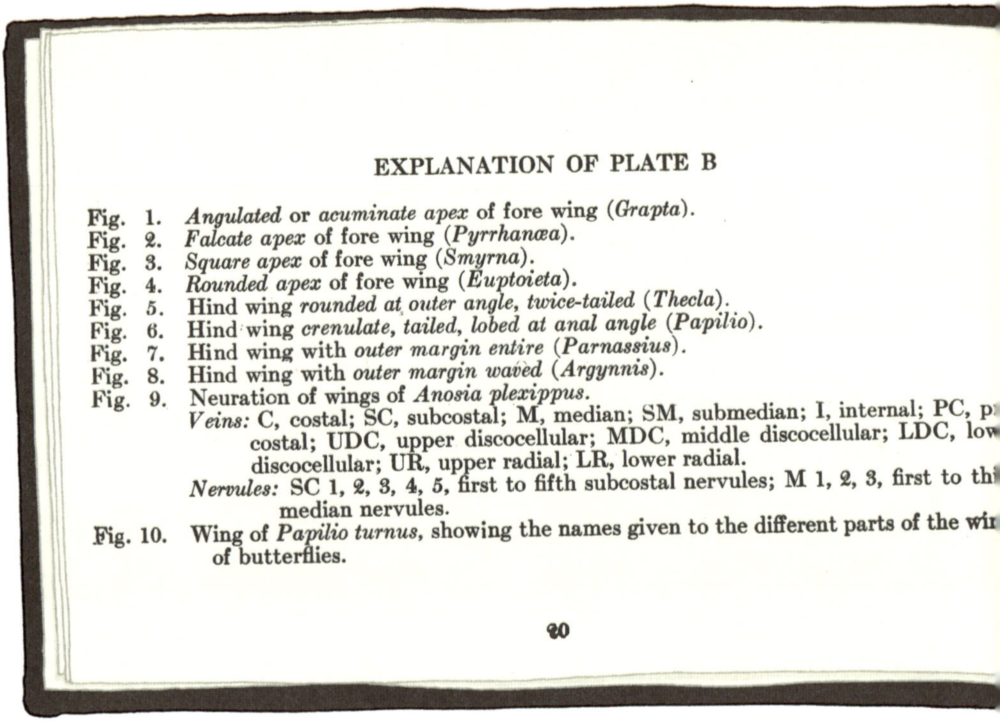

EXPLANATION OF PLATE B

Fig. 1. *Angulated* or *acuminate apex* of fore wing (*Grapta*).
Fig. 2. *Falcate apex* of fore wing (*Pyrrhanæa*).
Fig. 3. *Square apex* of fore wing (*Smyrna*).
Fig. 4. *Rounded apex* of fore wing (*Euptoieta*).
Fig. 5. Hind wing *rounded at outer angle, twice-tailed* (*Thecla*).
Fig. 6. Hind wing *crenulate, tailed, lobed at anal angle* (*Papilio*).
Fig. 7. Hind wing with *outer margin entire* (*Parnassius*).
Fig. 8. Hind wing with *outer margin waved* (*Argynnis*).
Fig. 9. Neuration of wings of *Anosia plexippus*.
Veins: C, costal; SC, subcostal; M, median; SM, submedian; I, internal; PC, p costal; UDC, upper discocellular; MDC, middle discocellular; LDC, low discocellular; UR, upper radial; LR, lower radial.
Nervules: SC 1, 2, 3, 4, 5, first to fifth subcostal nervules; M 1, 2, 3, first to thi median nervules.
Fig. 10. Wing of *Papilio turnus*, showing the names given to the different parts of the wi of butterflies.

20

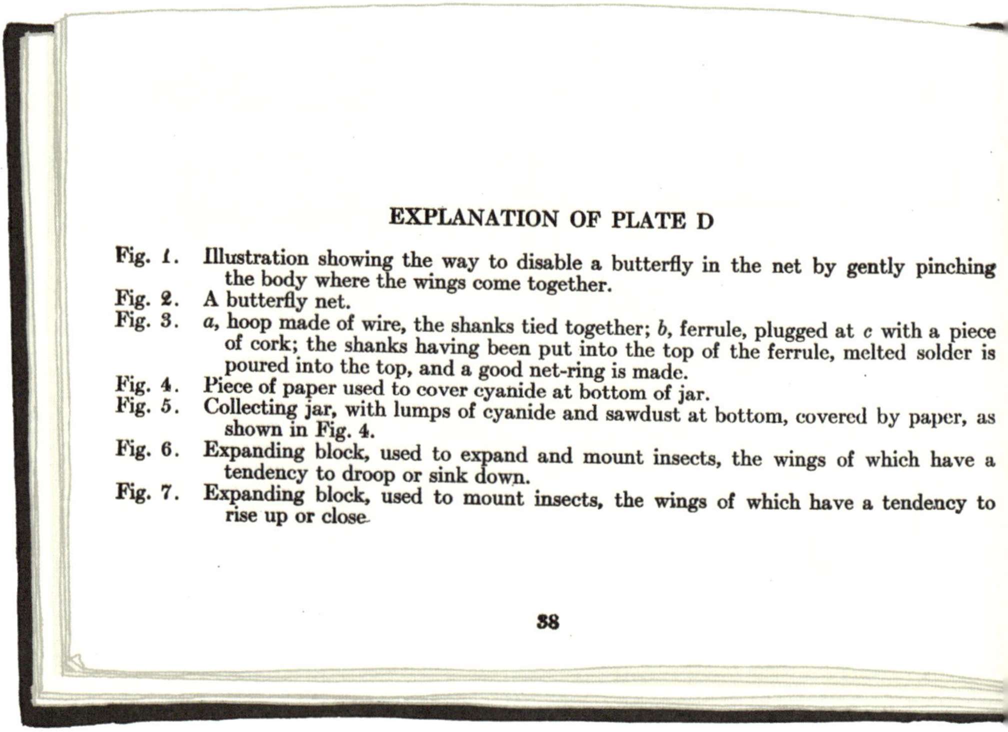

EXPLANATION OF PLATE D

Fig. 1. Illustration showing the way to disable a butterfly in the net by gently pinching the body where the wings come together.
Fig. 2. A butterfly net.
Fig. 3. *a*, hoop made of wire, the shanks tied together; *b*, ferrule, plugged at *c* with a piece of cork; the shanks having been put into the top of the ferrule, melted solder is poured into the top, and a good net-ring is made.
Fig. 4. Piece of paper used to cover cyanide at bottom of jar.
Fig. 5. Collecting jar, with lumps of cyanide and sawdust at bottom, covered by paper, as shown in Fig. 4.
Fig. 6. Expanding block, used to expand and mount insects, the wings of which have a tendency to droop or sink down.
Fig. 7. Expanding block, used to mount insects, the wings of which have a tendency to rise up or close.

38

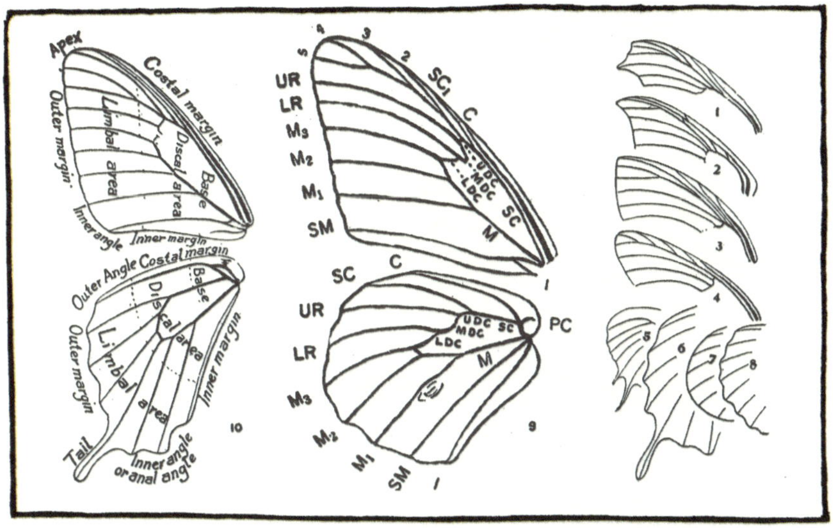

Plate B

21

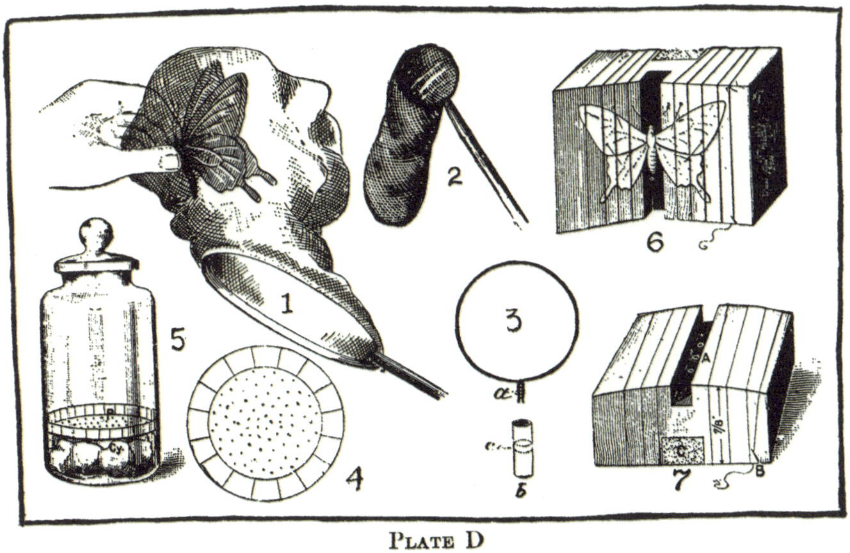

Plate D

39

46

1

29

«Ich durchbohrte den Leib mit einer Nadel»

Frederic Prokosch, 1983

Ich pflegte den ganzen Tag an dem Missolonghi Manuscript zu arbeiten, und an den Abenden saß ich da und betrachtete meine Schmetterlinge. Ich hatte Tausende kleiner weißer Umschläge zusammengetragen, und in jedem Umschlag lag ein Schmetterling. Flügel und Fühler waren vorsichtig zurückgeklappt, so daß lediglich die gefleckte Unterseite zu sehen war. Die Hälfte der Exemplare hatte ich auf meinen eigenen Forschungsreisen gefangen. Die andere Hälfte hatte ich in Afrika, Indien und Nord-, Mittel- und Südamerika von Händlern erworben. Auf jedem Umschlag waren der Gattungsname und der Ort, wo das Tier gefangen worden war, angegeben. Ich legte diese Exemplare eines nach dem anderen auf den feuchten Sand in einen Schonkasten, und nach zwei Tagen waren sie so weit, daß ich sie auf ein Brett spannen konnte. Dies tat ich mit unendlicher Sorgfalt: Ich durchbohrte den Leib mit einer Nadel und breitete die Flügel zu makelloser Symmetrie aus. Das Öffnen der Flügel war für mich jedesmal ein Moment, in dem ich meine Erwartung kaum zügeln konnte. Ich starrte wie gebannt auf die strahlenden Farben der geöffneten Flügel. Es gab eine unendliche Vielfalt der Zeichnungen, manche waren auffallend, manche dezent, und die Farbskala war endlos, angefangen vom Perlweiß bis zum satten Onyx.

Ich ließ hundert Kästen aus Kork und Mahagoni anfertigen, die mit rotem, blauem, goldenem und silbernem Papier ausgeschlagen waren, und spießte die Schmetterlinge in genauer hierarchischer Reihenfolge in den Kästen auf. Dabei richtete ich mich gewissenhaft nach den Grundsätzen von Professor Seitz, fing mit den großen Papilionidae an und hörte mit den saphirfarbenen Lycaenidae auf, so daß jeder der hundert Kästen wissenschaftlich und übersichtlich angelegt war und zugleich, wie die Fragmente eines großen Mosaiks, einen schwer zu definierenden Zauber ausstrahlte.

Abb. linke Seite: Falter auf dem Spannbrett [Abb. 46 S. 94, Abb. 1 S. 14]
29 NOCTUIDAE *Dermaleipa rubricata* Holl., Zentralafr. Republik: Mongoumba, 19. v. 1930

«Grenzenlose Gebiete»

Vladimir Nabokov, 1941

Ganz gleich, welchen Gegenstand Sie gewählt haben, stets muß Ihnen klar sein, daß das Wissen an sich grenzenlos ist. Jeder Gegenstand strotzt von Geheimnissen und Überraschungen, und von zwei Studenten, die sich mit dem gleichen Gegenstand befassen, entdeckt jeder eine andere Menge Freude daran, jeder bezieht eine gänzlich andere Menge Wissen daraus ... Angenommen, ein Schulknabe wählt sich zum Hobby das Studium der Schmetterlinge. Aus dem allgemeinen Körperbau wird er einiges lernen. Er wird Ihnen sagen können, daß ein Schmetterling immer sechs Beine hat, niemals acht oder zwanzig. Daß es unzählige Muster von Schmetterlingen gibt und daß die Tiere anhand dieser Muster in generische und spezifische Gruppen eingeteilt sind. Für einen Schulknaben ist das schon eine hübsche Menge Wissen. Aber damit ist er freilich den faszinierenden und unglaublichen Feinheiten, die die Natur bei der Gestaltung allein dieser Insektengruppe ersinnt, noch längst nicht nahegekommen. Noch längst nicht hat er eine Ahnung von der faszinierenden Vielfalt der inneren Organe, deren variierende Formen es dem Wissenschaftler gestatten, die Tiere nicht nur unfehlbar zu klassifizieren – wobei sich die offenkundige Ähnlichkeit der Flügelmuster nicht selten als Trug erweist –, sondern auch der Herkunft, Entwicklung und Verwandtschaft der Gattungen und Arten nachzugehen, die Geschichte der Wanderungen ihrer Vorfahren, den unterschiedlichen Einflüssen der Umgebung auf die Spezies und Formen usw., usf., und er wird noch längst nicht weitere geheimnisvolle, ihrerseits grenzenlose Gebiete berührt haben, etwa das der Mimikry oder der Symbiose. Dieses Beispiel lässt sich auf alle Wissensgebiete übertragen, und es eignet sich trefflich für die Literatur.

David y Ernesto
COLOMBIA
VEGAS DE LA ISLA
BUCARAMANGA
HERMANOS
COLOMBIA

30

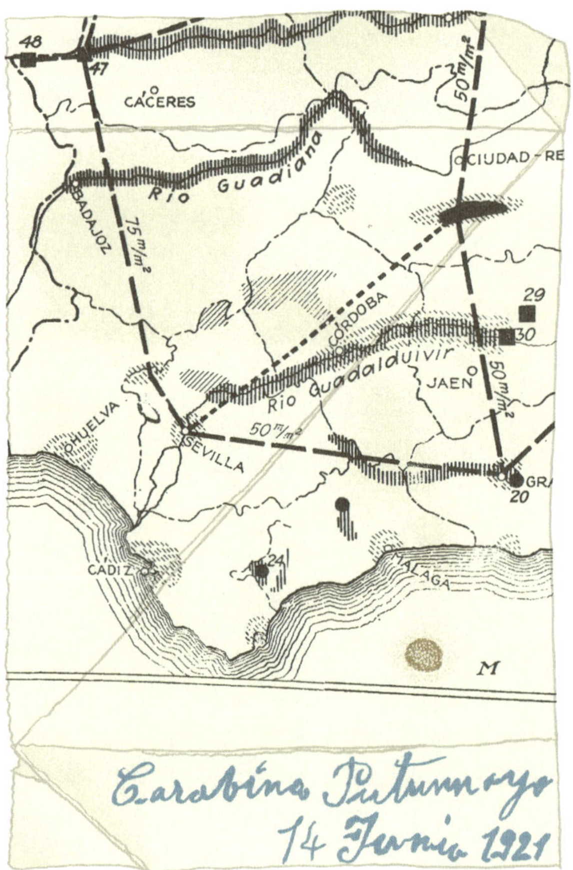
48
47
CACERES
Rio Guadiana
BADAJOZ
75 m/m²
CIUDAD-RE
50 m/m²
29
30
CORDOBA
Rio Guadalquivir
JAEN
50 m/m²
HUELVA
SEVILLA
50 m/m²
GRA
20
CADIZ
24
MALAGA
M
Carabina Putumayo
14 Junio 1921

31

32

33

34

35

30 NYMPHALIDAE *Nessaea hewitsoni* Fldr., Kolumbien: Guajira, 3. XII. 1922
31 NYMPHALIDAE *Chlosyne narva* F., Kolumbien: Muzo, 18. XII. 1921
32 NYMPHALIDAE *Colaenis julia* F., Kolumbien: Paipa, 31. XII. 1920
33 NYMPHALIDAE *Phyciodes* spec., Kolumbien: El Cedral, 1370, 4. V. 1921
34 NYMPHALIDAE *Dione vanillae* L., Kolumbien: Pto. Wilches, 10. IX. 1920
35 NYMPHALIDAE *Pyrrhogyra nasica* Stgr., Kolumbien: Q. de Puertes [?], 8. I. 1921

№ 35-

ndische Maildienst.

NOSSEMENT.

A. Schultze

waarr de passagier zich onderwerpt, om te

1e Klasse

18. JANUAR 1927 Santa Marta. Mir kommt es so vor, als ob dieser Sturm mindestens ebenso stark, wenn nicht stärker ist, als das Toben der Äquinoktialstürme daheim. – Beim besten Willen bin ich unter diesen Verhältnissen gar nicht imstande, meine Pläne so schnell fertig zu bringen, wie ich gerne möchte. Jedes Stück Papier, das ich zum Zeichnen benötige, muß gut beschwert werden. Welche Last, welche Umständlichkeit, wenn man z. B. ein Kartenblatt beim Zeichnen fortwährend drehen und wenden muß. Beim Festhalten der Sachen (Bleistifte, ja sogar weniger dicke Bücher werden fortgeweht) muß man fast arbeiten wie ein Matrose bei Sturm in der Takelage, um die Segel zu bergen. Dabei kann ich die Türen nicht einmal schließen, da ich dann kein Licht habe. Dies Arbeiten ist außerordentlich anstrengend und, wie bereits Menk beobachtet hatte, überaus angreifend für die Nerven. Da ist fast das Schwitzen im schwülen Windschatten der Bananenzone vorzuziehen. – Am Nachmittag waren, kurz vor Sonnenuntergang, viele Einzelheiten am Nordwesthang der Sierra sichtbar, was fast darauf hindeutet, daß es dort, trotz allem, etwas geregnet hat.

36

37

37

36 NYMPHALIDAE *Pyrrhogyra neaerea f. juani* Stgr., Kolumbien: Cayumba [?], 2. II. 1921
37 NYMPHALIDAE *Temenis pulchra* Hew., Kolumbien: Concepción, 11. XI. 1922

38 

38 

38 NYMPHALIDAE *Pyrameis huntera f. altissima* Rosenb. & Talbot,
Kolumbien: Montserrate Bogotá, 29. VIII. 1920

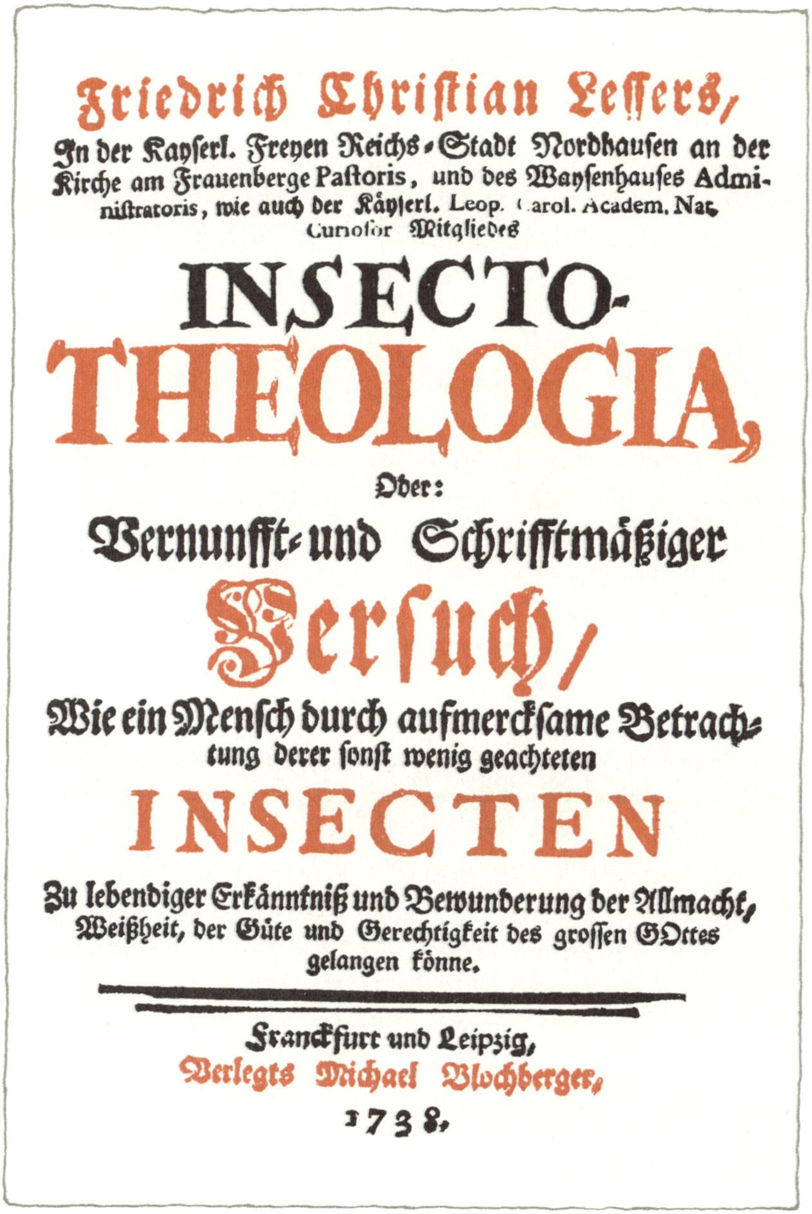
Friedrich Christian Lessers,
In der Kayserl. Freyen Reichs-Stadt Nordhausen an der Kirche am Frauenberge Pastoris, und des Waysenhauses Administratoris, wie auch der Käyserl. Leop. Carol. Academ. Nat. Curiosor. Mitgliedes

INSECTO-THEOLOGIA,

Oder:

Vernunfft- und Schrifftmäßiger

Versuch,

Wie ein Mensch durch aufmercksame Betrachtung derer sonst wenig geachteten

INSECTEN

Zu lebendiger Erkänntniß und Bewunderung der Allmacht, Weißheit, der Güte und Gerechtigkeit des grossen GOttes gelangen könne.

Franckfurt und Leipzig,
Verlegts Michael Blochberger,
1738.

Titel der «Insecto-Theologia»

«Wer hat diese unvernünfftigen Thierlein gelehret»

Friedrich Christian Lessers, 1738

§ 69. Es haben diese Puppen nicht einerley Gestalt. Einige sehen aus wie ein Dattel=Kern; andere wie ein eingewickeltes Kind in Windeln; einige scheinen fast ein Menschen=Angesichte zu haben; andere stellen einen Hunde=Kopff, andere ein Katzen=Gesichte, andere einen Vogel=Kopff vor; noch andere sehen aus wie eine Mauß mit dem Schwantze; ja einge sehen aus wie ein vollkommen Insect, und sind doch nur die Verwandlungs=Hülse.

§ 70. Die Lage der Insecten in diesen Puppen ist ebenso merckwürdig, als ihre Lage in dem ersten Ey gewesen. Man sehet nemlich, daß alle Gliedmassen des Thierleins sehr wundersam in einander gelegt und zusammen gewickelt, daß es in solcher Behausung gehörigen Raum habe. An einigen kan man schon von außen die Glieder des darinn liegenden Insects erkennen; andere haben eine so durchsichtige Verwandlungs=Hülse, daß man das Insect, wie es drinne liegt, gar deutlich sehen kann; bei einigen aber kann man die innerliche Lage gewahr nehmen, wenn man das Anatomie-Messer zu Hülffe nimmt, und die äusserliche Rinde auffschneidet und abscheelet, ehe das Insect auskriecht.

§ 71. Es haben solche Puppen nicht einerley Farbe. Einige sind braun, dunckelbraun, hellbraun, holtzbraun, castanienbraun, rothbraun, leberfarbe, andere aschengrau, silberfarbig, gelblicht=grau, andere gelb, schwefelgelb, oggerfarbicht, andere roth, rosenfarbicht, röthlich und gelblich, rosenfarbicht und grün zugleich; andere sind grün, hellgrün, lichtgrün; andere weiß, andere violetfarbicht, noch andere schwartz. Die Alten haben gemeinet, wenn die Farben solches Dattel=Kerns schön wären, so müsste auch notwendig ein schönes Insect aus demselben kommen; allein so wenig es folgt, daß in einer schönen Windel ein schönes Kind liegen müsste, so wenig folgt es auch, daß in einer schönen Puppe ein schönes Insect eingeschlossen sey. Die Erfahrung lehret vielmehr, daß offt aus einer schönen Puppe, ein garstiges Insect hervorkomme, und offt aus einer unscheinbaren Puppe ein schönes Insect ans Licht trete.

§ 72. Erwege, mein Leser! sollten wohl so verschiedene Arten der Veränderungen von ohngefehr bey den Insectis geschehen, sollte es wohl durch einen blossen Zufall sich zutragen können, daß die Insecta unter so verschiedenen Puppen bedecket werden, welche nach Erforderung der Umstände zu des Insects Besten weich sind oder härter werden? Wer hat diese unvernünfftigen Thierlein gelehret, sich in den Puppen so künstlich zusammen zu wickeln, daß sie in einem so engen Wohn=Platze Raum haben, da sie, wenn sie ihre Glieder aus einander breiteten, in einem Dattelkern, der 3 mal grösser wäre, als er ordentlich ist, keinen Raum finden würden? Wer hat es ihnen weiß gemacht, daß ein jegliches Geschlecht diese Windeln mit gewisser Farbe mahlet, und nicht eine andere Farbe wehlet? Wer hat sie unterwiesen in den Puppen sich nach ihrer Art wider äusserliche Gewalt zu wehren? Wer hat ihnen ihre Quartiere angewiesen, in welche sie sich zur Zeit ihrer Verwandelung begeben, und darinnen sicher wohnen können? Welcher Weber hat ihnen gelernet, so verschiedene Gespinste zu würcken, in welchen ihre Puppe als in einem Federbette lieget? Wer hat ihnen vorgeschrieben, zu welcher Zeit sie sich darein begeben sollen? Wie lange sie darein liegen sollen? Und wie sie eben zu der Zeit wieder herfür gehen sollen, da sie ihr Futter vor sich bereitet finden? Sollte man wohl alle diese Umstände nicht als lautere Würckungen eines grossen und weißen Schöpfers Ursache anzusehen haben? Und mit einiger Vernunfft sich selbst bereden können, daß alles dieses von Ursachen, die aller Vernunfft beraubet, solte zu wege gebracht werden? Deswegen sieh auch hie, daß dieses alles von Gott zeige, und seine Weißheit genug zu erkennen gebe.

39 NYMPHALIDAE Puppenhülle *Dione moneta*

40 

40 

40 NYMPHALIDAE *Dione moneta* Hübner, Kolumbien: Bogotá (in unserem Patio), 22. III. 1921

41

42

41 NYMPHALIDAE *Metamorpha dido* L., Kolumbien: San Martin, 16. II. 1922
42 NYMPHALIDAE *Victorina steneles* L., Kolumbien: Lomas de Ariari, 16. IX. 1922

41

42

43

44

45

46

47

43 NYMPHALIDAE *Haematera pyramus* F. f. *thysbe* Dbl. u. Hew., Kolumbien: Pto. Wilches, 13. XII. 1920

44 NYMPHALIDAE *Pseudonica flavilla* Hbn., Kolumbien: Cayumba [?], 31. I. 19

45 NYMPHALIDAE *Euptoieta hegesia* Cr., Kolumbien: Honda, 10. III. 1921

46 NYMPHALIDAE *Epiphile eriopis* Hew., Kolumbien: Muzo, X. 1921

47 NYMPHALIDAE *Pyrameis iole* Drury = *huntera* F., Kolumbien: Chapinero, 23. III. 1923

48 SATYRIDAE *Tisiphone* spec., Kolumbien: 7. VI. 1921
Im Zimmer gefg. Die ganze Luft wird noch gegen Abend bei Papamene von diesen Tieren erfüllt. Sie kommen sogar in das Zimmer. Diese Satyriden in ungeheurer Menge zwischen Uribe und Papamene [?] im Urwald. Ganze Stellen des Weges sind davon wie mit einem dichten Pelz bedeckt. Die Tiere lassen sich kaum hochschrecken!

Schmetterlinge als Mimeisthai der Psyche

Constantin Rauer, 2009

«Das Sinnbild der alten Ägypter – schreibt Immanuel Kant – vor die Seele war ein Papillon, und die griechische Benennung bedeutete eben dasselbe. Man siehet leicht, dass die Hoffnung, welche aus dem Tode nur eine Verwandlung macht, eine solche Idee samt ihren Zeichen veranlaßt habe.» Nur dürfte sich die Metapher des Schmetterlings als Sinnbild für die Seele keineswegs in der Gleichung zwischen Metamorphose und Seelenwanderung erschöpfen.

Nach Vorstellung der alten Griechen verfügen all jene Wesen über eine Psyche, die sich aus eigener Kraft heraus bewegen können. Demzufolge haben Menschen und Tiere Seelen, Steine und Pflanzen hingegen nicht. Da somit die Seele auf eine selbstbewegende Kraft verweist, war es naheliegend, dass man diese in der Kraft der Selbstbewegung, daher in beflügelten Wesen zu sehen glaubte. So versinnbildlicht das Auf- und Zuschlagen der Schwingen des Falters – für Sigmund Freud auch ein sexuelles Symbol – die Spontaneität des Beseelten oder, wie Goethe sich auszudrücken pflegte, des Lebens Leben.

Zwischenzeitlich konnte die Wissenschaft beobachten, dass die Schwärmer tatsächlich kleine Zauberer – gute Feen oder böse Hexen? – sind. Sie bezaubern nicht nur, sondern verzaubern damit auch. Dieser Zauber bezieht sich nicht nur auf ihre Verwandlungskünste in der Zeit (die Metamorphose vom Ei zur Raupe, von dieser zur Puppe und von jener zum Falter); dieser Zauber ist vor allem auch auf das mimetische Vermögen der Schmetterlinge zurückzuführen. Tatsächlich sind die Schwärmer Meister im Spiegeln, Meister auch im Vorspiegeln falscher Identitäten: Dank ihrer Mimikry sind sie die Blender schlechthin.

So dienen die großen aufgemalten Augen auf den Flügeln vieler Falterarten dazu, den Vögeln vorzuspiegeln, sie würden von ihresgleichen angeschaut, was zur Folge hat, dass diese ihre Beute nicht anrühren. So bedienen sich die Schmetterlinge der List des Perseus, der mit seinem Schild den versteinernden Blick der Medusa zurückgeworfen und sie damit selbst versteinert hatte. Ihre symbolischen Augen sind gespiegelte Sonnen; eine simulierte Reflexion, mit der sie jedem potentiellen Feind die Augen ausstechen. Noch raffinierter: Die spiegelverkehrte geometrische Figur auf ihren Flügeln – die Mimikry des Symbolischen – stellt die Betrachter vor solche Rätsel, dass sie darüber das Sehen vergessen. Dies ist das subtile Spiel der reflexiven Mimesis: So wie schwarze Löcher bis hin zum Licht alles in sich verschlingen, so ziehen die Schwärmer den Blick – wie Mandalas – so sehr in ihren Bann, dass sie den Betrachter verblenden.

Ein ebensolches Spiegelschutzschild der Mimikry verwenden manche Falter auch im Akustischen, wenn sie etwa das Echolot der Fledermäuse simulieren und dadurch das Orientierungssystem ihrer Feinde stören: «Ein näher untersuchter Bärenspinner, *Cycnia tenera*, nutzt anscheinend die gepulsten Lautwiederholungen zur Bestimmung der Entfernung anfliegender Fledermäuse. Noch erstaunlicher: Als Antwort auf die Echolaute der Fledermaus beginnt diese Art ihrerseits Laute zu produzieren, die das Echoortungssystem der Fledermaus stören und somit ihr Ortungsvermögen beeinträchtigen. Fledermäuse steigern die Emissionsrate ihrer Laute mit zunehmender Annährung an die Beute. *Cycnia tenera* beginnt ihr akustisches Störfeuer zu einem Zeitpunkt, zu dem die Fledermaus knapp unter einem Meter von ihrer Beute entfernt ist – gerade noch früh genug, um sich noch ‹akustisch› zu tarnen.» Somit finden wir hier, im Akustischen wie im Optischen, Kants «focus imaginarius» wieder: Hier wird der imaginäre Ort, an dem das betrachtende Subjekt das Gesehene sich vorstellt, bzw. der imaginäre Ort, an dem der Hörende das Gehörte lokalisiert, durch simuliertes Vor- und Falschspielen an eine falsche Stelle verrückt, derart, dass hierdurch das Navigationssystem der Vögel und Fledermäuse so gestört wird, dass jene an ihrer Beute vorbeifliegen. Helfen all diese Tarnungsmanöver nichts, schlägt der Falter die Flügel zusammen, stellt sich tot und fällt wie ein Stein zu Boden.

Auch die Bewegungen des Falters sind Tarnung. Der Flug des Papillon – leicht, flüchtig, tänzelnd, im Winde umherflatternd – spricht in direkter Weise unsere Seele an und zieht unseren Blick dermaßen in seinen Bann, dass wir, wie bezirzt und hypnotisiert, gar nicht anders können, als uns von seinem Umhergeflatter mitreißen zu lassen. So konzentriert ist unsere Aufmerksamkeit auf diese Zerstreuung, dass unsere Stimmung mit den luftigen Bewegungen des Schwärmers mitzuschwingen scheint und uns in eine Selbstvergessenheit versetzt, die unser Gemüt dennoch heiter stimmt. Denn die Schmetterlinge sind nicht nur Zeichenträger, ihre Präsenz selbst scheint bereits ein Zeichen der Götter; aufgetaucht aus dem Nichts und ebenso urplötzlich wieder im Nichts verschwunden, kamen sie nur flüchtig vorbeigeflattert, um uns die Poesie der Ewigkeit zu vermitteln.

Was aber die Sammler an den Lepidopteren wohl am meisten fasziniert, das ist nicht nur deren Artenvielfalt – es gibt ihrer über hundertfünfzigtausend Arten! – und nicht nur deren Farbenpracht und selbst nicht einmal diese unendliche Vielfalt ihrer Formen; all dies könnte man auch an anderen Geschöpfen, etwa bei Fischen oder Vögeln, bewundern. Was die Schwärmer zu derart bezaubernden Wesen macht, ist zweifellos das, was sich auf dem Rücken ihrer entfalteten Flügel wie durch ein aufgeschlagenes Buch auftut: das Faltbild, das sich aus zwei spiegelverkehrt zueinander stehenden Gegenstücken zusammensetzt. Nun handelt es sich hierbei allerdings nicht um eine beliebige geometrische Spiegelfigur; was die Falter da als Sinnbild auf ihrem Rücken tragen, das ist das Urbild selbst von Identität und Differenz; eine symbolische Darstellung der Darstellung des Symbolischen, welche uns notgedrungen als bedeutendes Zeichen, mithin als Schrift erscheinen muss – eine Illusion, die uns bei Fischen oder Vögeln nicht so leicht in den Sinn kommen würde. Also sind die kleinen umherflatternden Psyche Götterboten, die die Mimeisthai des Göttlichen auf ihrem Rücken tragen: das Imago des Symbolons als Flugblatt. Hierin liegt der Zauber und mit diesem auch die Analogie zu unserer Seele; denn wenn Psyche, wie es heißt, der Spiegel unseres Bewusstseins ist, so wundert es nicht, dass wir diesen im Flugblatt des Faltblatts reflektiert zu sehen meinen.

So wie unsere Seele die Identität unseres Bewusstseins widerspiegelt, so reflektieren die Schmetterlinge die Mimesis der Natur, als Spiegel unseres Spiegels. Daher ist es auch nicht verwunderlich, dass die Schwärmer von alters mythisiert und mit den phantastischsten Namen versehen wurden. *Caligio prometheus* beispielsweise; das ist der, der von der einen Seite aus betrachtet ein Gesicht, mit demselben Bild kopfstehend jedoch einen Totenkopf verbildlicht. Aufgrund ihrer offensichtlichen Zwiespältigkeit dienten die Schmetterlinge auch als Orakeltiere, die je nach Färbung und Tageszeit (Tag- oder Nachtfalter) entweder Schutzengel oder böse Dämonen verkörperten. Denn als Seelenspiegel stellen die Schwärmer auch den «dream screen» unserer eigenen psychischen Projektionen – mitsamt deren Ambivalenzen – dar: In protestantischen Ländern bedeuten die kleinen umherflatternden Psyche etwa Hexen, die die Milch, den Rahm oder die Butter stehlen (Schmetterlinge, wohl von Schmetten, als vermeintliche Butter schädigende Hexen, oder auch Milchstehler, Molkentewer, butterfly), in katholischen Ländern dagegen ein Himmelszelt (papillon von pavillon, papilio, parpaillot).

LA FLOR DE TABACOS PUROS
FEDERICO OTON
HABANA
HAVANA
DEPARTMENT
K.P.A.N
HAND in HAND
Trade Mark
Fabrik-Marke
CIGARREN

PROTECTOR

21.V.21. marchaie. 2
Rio. Cueba. ~~Rlt.~~ Trinidad ×

Untern Sogamoso
19.IX.20

Rio Cabrera
25.IV.21 ××

Susumuco. 12.2.22

Perisama yeba (?)
Q. Chirajara. 3.XII.22 ×

49

50

51

52

53

54

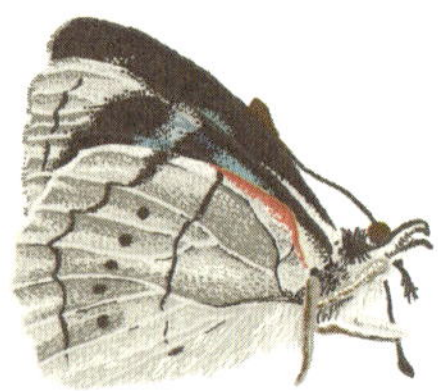

49 NYMPHALIDAE *Perisama diotima f. cardases* Hew., Kolumbien: S. Cristóbal, 3. IX. 1921
50 NYMPHALIDAE *Callicore* Hbn. spec., Kolumbien: Villa Vicencio, 13. II. 1922
51 NYMPHALIDAE *Dynamine pieridoides* Fldr., Kolumbien: Susumneo [?], 12. II. 1922
52 NYMPHALIDAE *Dynamine gisella* Hew., Kolumbien: Susumneo [?], 12. II. 1922
53 NYMPHALIDAE *Perisama patara* Hew., Kolumbien: Mte. Redondo, 11. II. 1922
54 NYMPHALIDAE *Perisama yeba* Hew., Kolumbien: Monte Redondo, 11. II. 1922

50 

52 

10. JULI 1927 Santa Marta. Nachdem es fast die ganze Nacht über – der Wind hat um 8 Uhr a.m. noch nicht aufgehört – aus N.O. ziemlich stürmisch geweht hatte, ist die Sierra Nevada, bei leicht dunstiger Luft, restlos klar. Um 8:15 steht hoch über dem Gebirge nur ein kleines weißes Wölkchen. Ich denke es mir herrlich, jetzt in der Sierra Nevada sammelnd herumzuschweifen. Mit Rücksicht auf meine kartographischen Arbeiten bin ich aber an die Stube gebannt und fast ununterbrochen bis 2 Uhr nachts mit diesen beschäftigt.

55

56

57

58

59

60

55 NYMPHALIDAE *Perisama lanice* Hew., Kolumbien: Mte. Redondo, 12. II. 1922
56 NYMPHALIDAE *Perisama guerini* Fldr., Kolumbien: Mte. Redondo, 11. II. 1922
57 NYMPHALIDAE *Perisama humboldtii* Guérin-Méneville, Kolumbien: Q. Chirajara [?], 3. XII. 1922
58 NYMPHALIDAE *Callicore neglecta* Salvin, Kolumbien: La Ceiba, Trinidad, 21. V. 1921
59 NYMPHALIDAE *Perisama oppelii* Lat., Kolumbien: Rio Coello, 23. VIII. 1923
60 NYMPHALIDAE *Perisama vaninka* Hew., Kolumbien: San José – Dolores, 13. VI. 1921

55

56

57

58

59

60

«Die Flügel der Schmetterlinge»

Roger Caillois, 1960

Die Flügel der Schmetterlinge mit ihren Umrissen, ihren Zeichnungen und Farben sind nach wie vor ein ungelöstes Rätsel, und ich glaube nicht, daß jemand wüßte, wozu all diese Pracht dienen soll. Die Färbung mag ja nützlich sein, die Zeichnung ist es (mit einer Ausnahme) sicherlich nicht. Die Lungen der Schmetterlinge sind in einen engen und harten Brustpanzer eingezwängt. Daher nimmt man an, diese Insekten benötigten, um zu fliegen, eine zusätzliche atmende Oberfläche, die ihnen von ihren ausgebreiteten Flügeln zur Verfügung gestellt würden. Diese dienten dann zur Aufnahme von Sauerstoff und Licht und erreichten dies um so besser, je dunkler sie wären. Einverstanden. Wozu aber Zeichnungen? Einfarbige Flügel in einem Farbton, der es dem Insekt ermöglichte, genügend Energie einzufangen, erzielten das gleiche, wenn nicht ein besseres Ergebnis und wären, wenn ich so sagen darf, kostengünstiger. Andererseits ist nicht von der Hand zu weisen, daß die Färbung der Schmetterlinge, egal ob leuchtend oder stumpf, ihnen in jedem Fall einen Vorteil verschafft; die stumpfen Farben, weil sie sie unsichtbar machen und der Umgebung angleichen; die strahlenden Farben, weil sie wie «Blendfarben» wirken, die auf der Netzhaut des Räubers genau den Sekundenbruchteil länger sichtbar bleiben, den das Insekt zu seiner Flucht braucht. Die Zeichnungen bleiben nichtsdestoweniger eine offene Frage: eine starke, einheitliche Färbung ohne Zeichnung, die das fliehende Insekt, wie bei bestimmten Heuschrecken, vorzeigt und augenblicklich wieder verschwinden läßt, ist nicht weniger wirksam. In Anbetracht dieser Umstände wage ich die These, daß die Zeichnungen und Färbungen der Schmetterlingsflügel so etwas wie ihre «Malerei» sind.

Damit behaupte ich keine irgendwie geartete Gemeinsamkeit zwischen einer Lepidoptere und einem Maler. Noch viel weniger behaupte ich, daß ein Schmetterling seine Flügel mit einer Malerei versehen hätte oder daß einer seiner fernen Vorfahren seine einmal angenommene und unverändert über die Jahrhunderte hinweg überlieferte Gestalt zu irgendeinem Zeitpunkt der Evolution entworfen oder gewollt hätte. Ich wüßte nicht, was Verben wie «wollen» oder «entwerfen» hier besagen sollten. Auch bin ich mir, wenn ich für die feststehende Verteilung mikroskopisch kleiner Schuppen das Wort «Malerei» verwende, durchaus bewußt, mich überaus ungeschickt auszudrücken. Aber obwohl ich mich bemühe, keinen der Unterschiede zu unterschlagen, die ein Gemälde von einem Schmetterlingsflügel trennen, muß ich doch auch feststellen, daß diese Unterschiede genau dieselben sind, die den Gegensatz zwischen Insekt und Mensch ganz allgemein ausmachen. Daher erscheinen diese Unterschiede auch nicht unerwartet, erhöhen vielmehr die Berechtigung des Vergleichs. Wir haben es also mit zwei Arten von Oberflächen zu tun, auf denen sich helle und dunkle Farbflecke zu einer ebenso nutzlosen wie aufwendig gestalteten Einheit verbinden, und die, obwohl unvergleichlich, einander homolog sind.

Die einen – die Schmetterlingsflügel – sind das Ergebnis einer unbeherrschbaren organischen Entwicklung, an der weder das Bewußtsein noch der Wille oder die Urteilskraft den geringsten Anteil haben. Wir begegnen dort Zeichnungen, die bei allen Vertretern einer Spezies seit Jahrtausenden identisch sind, aber keinen Entwürfen. Aber gerade dadurch entsprechen sie dem Bild, das sich ein scharfsinniger Geist schon frühzeitig davon hätte machen können, wie sich die Malerei des Menschen im festgefügten und unverrückbaren Universum der Insekten notwendigerweise ausnehmen müßte.

Die anderen Oberflächen – die Bilder – sind dagegen per Definition eigenständige Gestaltungen, in denen sich die Persönlichkeit ihres jeweiligen Schöpfers offenbart, der für jeden auf der Leinwand erkennbaren Farbton allein verantwortlich ist. Er trägt sie nicht wie seine Fingernägel oder seine Augen (oder besser wie die Farbe seiner Augen oder seiner Haare) in bzw. an sich, sondern hat alles erwogen, gezeichnet und gemalt. Müßte ein freies, erfinderisches und nach außen hin wirkendes Wesen durch Farbauftrag auf einer Oberfläche etwas hervorbringen, das den Flügeln eines Schmetterlings ähnelte, und ließe man ihm jede Freiheit bei der Auswahl der Farben und der Art der Ausführung, dann erfände es die Malerei, genauer gesagt, die nicht figurative Malerei, das geometrische Dekor von Körben, Töpfen und Stickereien.

Kurzum, die Hypothese läuft auf die Vorstellung hinaus, daß wir es bei den Lebewesen ganz allgemein mit einer «Tendenz» zu Farbzeichnungen zu tun haben und daß diese Tendenz an den beiden Endpunkten der Evolution die Flügel der Schmetterlinge und die Bilder der Maler hervorgebracht hat. Ich möchte abermals betonen, daß ich die unüberwindlichen Unterschiede, die ein Gemälde von einer Flügelzeichnung trennen, keineswegs zu leugnen gedenke, ganz im Gegenteil. Ich meine jedoch, daß diese Unterschiede sich bereits aus der kaum zu übersehenden Tatsache herleiten, daß der Flügel Teil des Schmetterlings ist, während das Bild vom Maler entworfen und ausgeführt wird. Hiervon ausgehend bleibt es eine verführerische Herausforderung, die Sonderstellung genauer zu bestimmen, in deren Folge dem Menschen ein so ungewöhnliches Schicksal unter den Lebewesen zuteil wurde.

Ein schwerwiegender Einwand richtet sich gegen die Vermengung des Nützlichen mit dem Nutzlosen. Die Lehre von der natürlichen Selektion läßt die Plastizität zwar zu, ja setzt sie, solange es um die Schwimmhaare des Hydrophilus, die gezähnten Fangzangen der Mantis oder die Grabschaufeln der Maulwurfsgrille geht, sogar voraus, sie weigert sich jedoch, unter Berufung auf dieselben Postulate, einen analogen Mechanismus für den Schmuck der Schmetterlingsflügel in Erwägung zu ziehen. Entscheidend ist hier offenbar der Gegensatz zwischen dem Notwendigen und dem Verschwenderischen. Man ist überzeugt, daß, was zu nichts nütze ist, auch keine determinierende Kraft haben darf. Das Nutzlose ist unzulässig. Anders gesagt, alles, was überflüssig ist, scheint a priori unerklärlich.

Ich gestehe, das ist genau der Punkt, an dem für mich überdeutlich wird, was ich einen tiefsitzenden Anthropomorphismus nennen würde. Man will um jeden Preis vermeiden, bei den Schmetterlingsflügeln von Kunst und von Schönheit zu sprechen, von Wappen oder von Bildern, da damit Wörter verwendet würden, die nur für die menschliche Gefühlswelt bzw. für die menschliche Geschichte sinnvoll sind. Es fällt dabei gar nicht ins Gewicht, daß derjenige, der diese Ausdrucksweise gewählt hat, eine ebensolche Sorgfalt darauf verwendet, auch die Unterschiede und Gegensätze herauszustreichen. Um die tabuisierten Wörter zu vermeiden, scheint man es vorzuziehen, das Kriterium der Nützlichkeit, d.h. des Überlebens, absolut zu setzen, und das in einer Natur, in der ganz offensichtlich – sofern man nur aufhört, die besonderen Reaktionen des Menschen auf den Rest der Biologie zu projizieren – eine enorme Verschwendung herrscht und wo alles, absolut alles dafür spricht, daß die exzessive Verausgabung ohne erkennbaren Zweck eine weitaus stärker befolgte Regel ist als die Einhaltung des strikten Lebensinteresses, als das Gebot der Arterhaltung.

Morpho cypris rhetenor etc.
ULTRA
ermanos
cypris etc.
ERIORES
LA BANA
RIO de Or
MIZAR HNOS
RAMANGA
NON P
Villamizar
CIGARRO
CIGARROS SUP
NON PLUS ULTRA
CIGARROS SUPERIORES

CALIDAD
NON PLUS ULTRA
VILLAMIZAR HERMANOS
BUCARAMANGA
FLOR
FINA
CIGARROS SUPERIORES
IMPERIALES

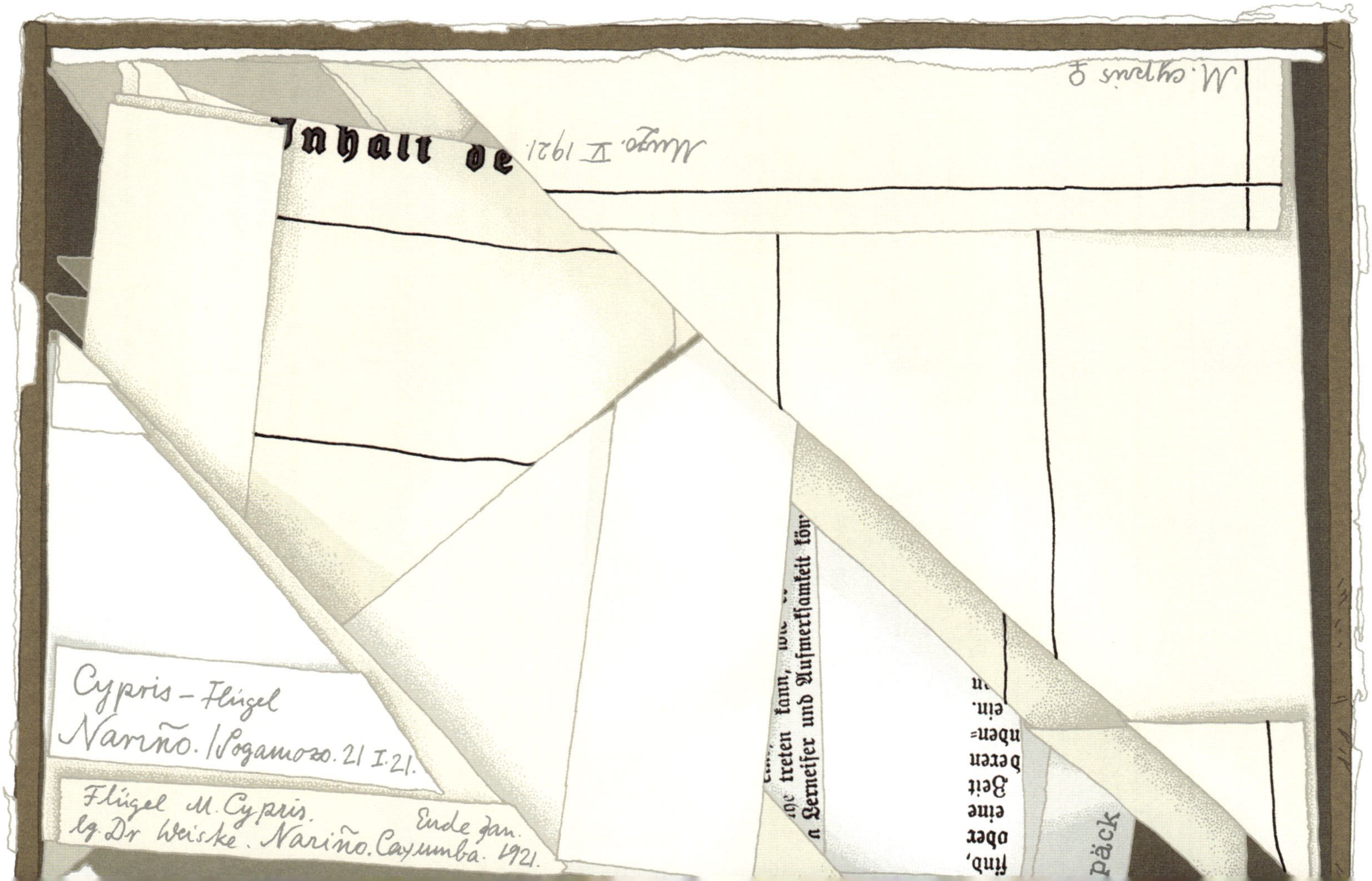

Cypris – Flügel
Nariño. Sogamozo. 21 I. 21.
Flügel M. Cypris.
lg. Dr Weiske. Nariño. Cayumba. 1921.
Ende Jan.
Inhalt de
Muzo. V 1921.
M. cypris ♀
treten kann, wie
n Lerneifer und Aufmerksamkeit kön
find,
oder
eine
Zeit
deren
nden=
ein.
päck

Morpho cypris
Muzo. 1920

Diese ganze Arbeit leitete mit der grössten Selbstverständlichkeit, Pünktlichkeit und Autorität ein einzelner Mann mit einer Flagge, und er brachte es fertig, dass diese grosse Verkehrsstockung sehr bald gehoben wurde. Wie gesagt, wir mussten dort beinahe zwölf Stunden liegen, im Schatten von Eisenbahnwagen und umstanden von einer Horde von Indianern. Es wurde uns die Zeit so lang, dass einer meiner Kollegen, ein höherer deutscher Eisenbahnbeamter, nunmehr sich an die mühsame Aufgabe machte, zu rechnen, wie viele deutsche Eisenbahnbeamte bei uns in solchen Fällen mobil gemacht werden müssten. Er kam auf die Zahl von 38. Ich habe es nicht nachgerechnet, aber dass es eine grosse Zahl sein muss, das weiss ich heute. Meine Herrn, wer Geschichten erzählen will, muss vollständig sein. Wir luden uns bei diesem Mann zu Gaste und während die Frau das Essen bereitete, schaute ich mich in der Stube um. Es hing ein Diplom an der Wand, und da sah ich, dass dieser Amerikaner ein Deutscher war, dass er Konrad Rumpf hiess und aus Böblingen war.

Auch in Bezug auf die Besiedelung unserer Kolonien müssen wir etwas geduldiger sein. Man spricht davon, dass jetzt nur 6600 Weisse in Südwestafrika sind. Meine Herrn, in dem Jahr, nachdem die Kapkolonie 150 Jahre im Besitz der Holländer gewesen war, waren dort 26000 Weisse, und nachdem die englische Kolonie Virginia 20 Jahre besiedelt war, zählte sie 1000 Weisse. So müssen eben die Vorbedingungen zunächst geschaffen werden, damit eine fremde Bevölkerung einziehen kann. Diese Vorbedingungen, z. B. in Südwestafrika, sind im wesentlichen geschaffen durch den Bau von Bahnen, durch eine geordnete Verwaltung, durch die Niederwerfung der Eingeborenen, und wir können jetzt erwarten, dass sich die Bevölkerung so hebt, dass dieses Land möglichst leistungsfähig wird, dadurch, dass recht viele tüchtige und ausdauernde, nicht zu kapitalarme Deutsche dort hingehen.

Für alle diese Fragen gibt es in unsern Nachbarländern durchaus vorgebildete und gut ausgestattete Institute. In England gibt es ein sogenanntes Kolonialinstitut, in dem alles das zusammentritt, was wissenschaftlich und praktisch für die Kolonien tätig ist, und wo die Erfahrungen gesammelt werden, Bibliotheken vorhanden sind, wo sich auch jeder mündlich oder aus den dort aufliegenden Berichten Rats erholen kann. Ein solches Kolonialinstitut müssen wir auch schaffen, denn das Gebiet ist gross, die Erfordernisse sind mannigfaltig, und gerade unser deutscher Kolonialbesitz, eingesprengt in verschiedene Teile Afrikas, hat sehr verschiedenartige Bedingungen.

Das ist im wesentlichen dasjenige, von dem ich annehme, dass es unsere Nation zunächst beschäftigen kann. Ich komme noch auf die Stellung zu sprechen, die die Regierung in diesen Dingen einnehmen kann.

Meine Herrn, auch daran müssen Sie sich gewöhnen, dass die Regierung zuviel in dieser Richtung nicht tun kann. Es muss das herauskommen aus der Privatinitiative des einzelnen, es muss herauskommen aus einem grossen nationalen Zug in unserem deutschen Volk. Jeder Deutsche muss von den Kolonien ein Gewisses wissen. Jeder Deutsche muss sich mit den kolonialen Fragen beschäftigen, und jeder, der sie praktisch in die Hand nimmt, muss seine Lehrjahre durchmachen. Und wenn wir nicht dafür sorgen, dass viele, die die Lehrjahre durchgemacht haben, hinauskommen, dann werden wir viel schlimme Erfahrungen machen müssen. Die Regierung kann nur auf einer hohen Warte stehen, sie kann nur die Möglichkeiten und die Gefahren, wie mit einem Scheinwerfer, beleuchten; sie kann, wenn eine Gefahr droht, Signale geben, um die Nation aufzuwecken zu einem grossen nationalen Impuls. Aber es gilt bei dem einzelnen Deutschen und bei jeder einzelnen Stelle, diese Signale aufzunehmen, diese Lichtblitze zu verfolgen und sich darüber klar zu sein, dass grosse, gewaltige Güter auf dem Spiel stehen.

Meine Herrn, ich kann meine Bemerkungen nicht anders schliessen, als dass ich Ihnen in dieser Stunde namens der Verwaltung, die ich vertrete, ein Wort zurufe, das mir immer grossen Eindruck gemacht hat: »Halte, was du hast, auf dass dir niemand deine Krone raube!«

61 

62 

61 MORPHIDAE *Morpho lympharis* Butler, Kolumbien: Pacho, VI. 1921
62 MORPHIDAE *Morpho cypris cypris* Westw., Kolumbien: Muzo, 1920

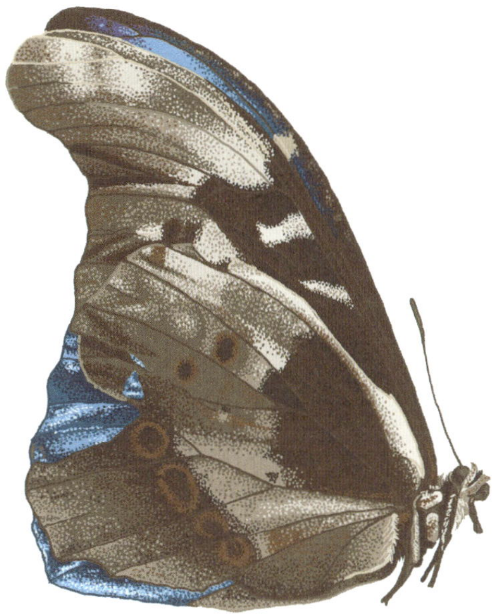

63

64

63 MORPHIDAE *Morpho rhetenor* Cramer, Kolumbien: San Martin, 28. VIII. 1922
64 MORPHIDAE *Morpho rhetenor* Cramer, Kolumbien: Uribe – Conceptión, 24. V. 1921
Mein erster *Morpho rhetenor*! Saß während eines Regens in einem ganz unscheinbaren Waldstückchen an einem über den Weg hängenden Zweige.

61

64

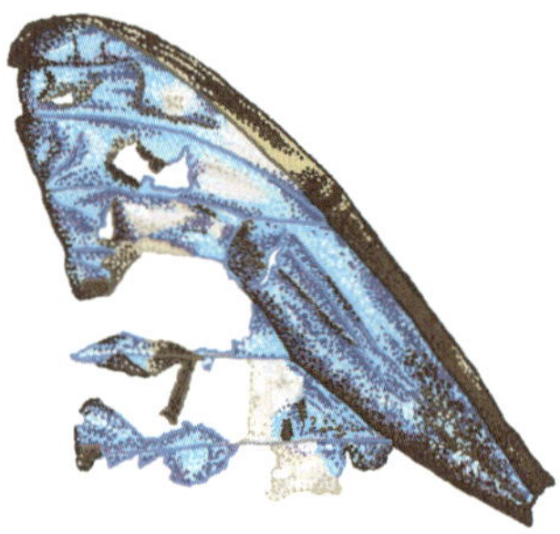

65

66

65 *Cypris*-Flügel Nariño, Soganeozo, 21. I. 21

66 Flügel *M. Cypris* Nariño, Cayumba, ENDE JAN. 1921

62

«Kleiner, seidener Drache»

Robert Müller, 1915

Aber man kann nicht immer im Farndickicht jagen. Eine Katastrophe der Langeweile bereitete sich vor. Oder war es Sehnsucht? Meine Hände waren matt, feucht und klebrig. Ich wollte bemerken, daß in dieser Zeit meine Fingernägel ein beschleunigtes Wachstum zeigten. Ich war lasterhaft, und darum begann ich sie abzureißen. Mit dem Pantherspielen war es nun ja doch vorbei; ein paar hunderttausend Jahre kam es zu spät: es war jetzt wohl eine bloße belanglose Gewohnheit meiner Sinnlichkeit, mich mit Krallen zu versehen. Seit mein Geschlecht die wilde Kraft seiner Lust verlassen hatte, wurde es genäschig, wie alle Krallentiere, denen man den Raubtieraplomb geschlechterweise abgezogen hat. Und nun sah ich auch zum ersten Male, daß ich Gefährten hatte. Bei Zana hockten ein Äffchen und ein Papagei nebeneinander auf einem morschen Gabelsystem von Ästen und fraßen einander mit vor Neid häßlichen Gesichtern die Leckerbissen weg. Aber noch intimer fühlte ich mich mit den niedrigstehenden Schmetterlingen des Llano, minderwertigen Geschöpfen, Degeneraten aus einstmals sicherlich furchtbarem Geschlechte. Möglicherweise waren sie die direkten Nachkommen des mystischen Drachen: Ihre fingerdicken, ein wenig gekrümmten Leiber waren noch jetzt in ihren Ringen faul und räckelig, kleine, schlappe Teleskope, ganz unproportioniert zwischen den wundervoll gegitterten Membranen hängend, die mit ihren Tinten, Flecken und Augen aufregend gegen die übrige Häßlichkeit abstachen. Der Schmetterling der Prärie! Auch der Saugapparat, ein veritables Taschenuhrwerk in seiner Diffizilität und entsetzenerregenden Kompliziertheit, schien der Mythe entsprechend. Hatte ich hier also eine kleine Ausgabe der Vorzeit vor mir? Wenn das Tier durch den entrollten Rüssel wie ein Käfer zu süffeln begann, schien ein blaues Flämmchen die Spirale entlangzufliegen, und die Schenkel der Orchidee, die seiner Süchtigkeit herhielt, begannen verbrannt, entseelt dahinzuwelken. Oder war es Täuschung? War es der Reflex der stählern schimmernden Faltersegel, deren Myriaden Flicken in das Netz von grätigen Fasern eingesetzt waren? Bange blickte ich auf den stacheligen Maulzierat und den seine Wollust starr hinaustrompetenden Leib, ein Schauer von Abscheu und Anziehung schüttelte mich und zog meinen faszinierten Blick an diesen unverständlichen Gegensatz von Schön und Häßlich heran. Da, während ich es gequält ansah, wuchs es ins

Ungeheure. Der Schmetterling wurde größer und größer, und der Drache der Vorzeit entstand vor meinen Blicken. Wer wollte mir ableugnen, daß dieser Schmetterling nicht ein unendlich verharmloster Typ eines einst gefährlicheren Wesens war? Wer hatte jemals den Drachen in seiner tausendmal verdeckten Schmetterlingsepidermis ungestraft aus der Nähe in Augenschein nehmen können? Wer hatte sich aus der Gefahr tatsächlich in ihre Beschreibung zurückgerettet? Einem solchen Ungeheuer, mit allem Komfort der Munition, mit Fängen, Flügeln, Rüsseln und einer Rostra ausgerüstet, hatte kein Menschlein mit seiner einfältigen Keule entgehen können. Der Feueratem war ein Mißverständnis; er beruhte auf den mephitischen Dämpfen, die aus der Verdauung eines solchen Vielfressers hervorgehen mußten. Man konnte sich ja den älteren Vorgang nach dem, was ich jetzt sah, rekonstruieren. Warum hatte der Drache gerade für Jungfrauen und Jünglinge, gerade für besonders eitle und prinzenhafte Wesen solche Vorliebe? Wahrscheinlich hatte er sie gar nicht, sondern dumm und stark, wie er war, fraß er, was sich ihm opferte. Seine wunderbar schillernden Flügel aber zogen die Neugier der Menschenkinder tödlich an. Die Kleinen, Aufgewecktesten und Sinnlichsten liefen herbei, um das Farbenphänomen zu sehen. War das Abendrot dort in die düstere Waldschlucht zwischen hohe Kiefernstämme gefallen, lag dort ein Schatz seltener magischer Steine, hauste dort in den schroffen Klippenhöhlen am Kreidesteinsee der Regenbogen, der den Gang der Wasser begleitet? Sie liefen hin, und das Vieh lauerte, plötzlich erhob sich ein Schlagen und Blitzen von wolkengroßen Flügeln, feurige Farben waren zugleich mit heiß verkohlenden Gasen in der Luft entfaltet, ein ungeheurer, aus zehn Öffnungen maulender Schlauch senkte sich vor dem kalkweißen Monde zur Erde, purpurne Dämmerung legte sich über das gräßliche Schauspiel solchen Untergangs. Ach, war es süß für die Süßen, so grauenvoll zu sterben? Konnte es anders, als romantisch den Traum Ungereifter beflügeln? Wer's hätte sagen können, kam nicht wieder; wer's aus der Ferne sah, gewahrte, daß hier der Tod mit einem unerträglich rätselhaften Farbenrausch verbunden war. Er erzählte es daheim am Feuer des Stammes, wie die Gluten zwischen den scheinbar am ganzen Körper verteilten Kiefern hervorbrachen. Und Jüngling und Mädchen gingen hin, die Lust versuchen, kamen nicht wieder, und man sagte, halb begreifend, der Drache habe sie gefordert.

Jetzt war der Falter da eine Nymphe der Häßlichkeit. Alles war zart an ihm geworden bis ins Unendliche. Noch glomm in seinen vorgetriebenen

Bukettaugen ein grünliches Feuer. Er war genäschig, unstet und taumelig. Sein Flug hatte keinen Charakter, kein Ziel, nichts Arbeitsames, Ordentliches war an ihm zu bemerken. Er war das Endresultat der Entwicklung vom Menschenfresser zum Vegetarier. Verkommen war er, wie nur mehr unsere Wertungen, wie nur mehr wir, wie nur mehr ich. Auch ich stammte von einer größeren Pracht ab. In meinem Blute bellte der Panther. O du krumme schwarze Katze des Urwalds! O du Schmetterling des Llano. Kleiner, seidener Drache unter Blüten! Wir entsprechen einander, wir sind dieser Zeit der Verkleinerungen würdig. Was bei meiner Ahne, der Tropenkatze, die schöpferische Kraft des Augenblicks gewesen war, ist bei mir nur mehr Talent. Er jagte, ich beobachte. Er war heroisch, ich bin tief. Er war ein Realist, ich habe Phantasie, diese abgelebte Realität. Die Größe stirbt aus, das Talent wehrt sich. Dafür sitzt es freilich fest. Meine Art hatte es doch gewissermaßen zu etwas gebracht. Wir waren das glorreichste Jägergeschlecht, das die Natur gezeugt und bemuttert hatte. Alles ward uns zur Beute, unsere Jagd dehnte sich nicht bloß auf den naheliegenden Magenverdienst aus, sondern leistete auch Überschüssiges und sparte das Errungene als geistreiche Beobachtung. Ein Panther geht nicht um des Fressens willen in den Busch, er will was lernen. Der Drache aber hat gepraßt und gevöllert und verschlungen, was immer ihm unterkam, ohne gescheiter zu werden.

Den Ruin solcher Weltanschauung hatte ich im drastischen Bilde der Verzwergung vor mir. Welch naschhafte Verkommenheit! Der Schmetterling des Llano war der Nachkomme der alten Aristokraten des Fleisches, dieser Prachtgeschlechter unter den Organismen. Dagegen gehalten, mußte der Mensch immer nur ein Parvenu sein. Aber die Betriebsamkeit der Menschenkatze hatte mit ihrem anfänglich bescheidenen Geschäfte Erfolg gehabt, nicht der Fresser und Genießer, sondern der primitive Jägerinstinkt war nach allen Richtungen hin siegreich über die Welt ausgestrahlt. Einst mochte der Drache für eine armselige Katze nur eine uneinnehmbare, stupide Festung aus Fleisch und Schildpatt gewesen sein, mit Blendwerk und Schlünden, aus denen mit Gasen geschossen wurde; heute aber war der Tag der Rache; nach Milliarden von Jahren standen wir uns endlich wieder von Angesicht zu Angesicht gegenüber, das erschlaffte aristokratische und das rege demokratische Prinzip. Der Genießer und der Jäger. Der Lebende und der Beobachtende. Das Fleisch und das Gehirn. Aufgepaßt!

Aufgepaßt! Ich nahm meine Browningpistole zur Hand, diese metallene

Nachbildung eines ominösen Insektenleibes, diese Zulage an reeller aristokratischer Erscheinung, diese dumm, aber perfekt losgehende Gefährlichkeit. Eins, zwei, drei! Im Augenblicke, da ich schoß, klappte der Falter seine blauen Segel hoch wie ein Zweimaster unter einer steifen Brise. Gleich darauf pfiff die Kugel durch seine Fittiche hindurch. Es muß einen Mohrenlärm für den armen Teufel bedeutet haben, das Brechen der feinen knorpeligen Gestänge übertönte die Detonation des Schusses und das lokomotivartige Sausen des Projektils. Man denke, ein Expreßzug rast durch die bunten Venetianerscheiben einer haushohen Glasflügelfassade, zertrümmert das kunstvolle System der Facettspiegel und stört eine nymphisch verzückte Röhre der Genießlichkeit aus ihrem Schleimtraum! Der Schmetterling fiel ohnmächtig von der Blüte auf einen Blätterstrauß herab, wurde aber schnell munter und taumelte in zackigen Schwüngen mit verdoppelter Anstrengung davon. Zwei gewaltig aufgestülpte und gerissene Löcher klafften in seinen Schwingen, in ihrer Nähe waren die spröden Häute zackig gebrochen und farblos wie Horn. Die schwarzsamtenen Augen blickten geschwollen und seine Koloraturen waren verwischt, wie Dünen nach dem Sturm.

Ich sah ihm neugierig nach und konstatierte ohne Befriedigung meine Jägertat. Aber es war dennoch ein Erfolg. Ich hatte geschossen und die Erkenntnis besiegelt. Der große Pfad der Entwicklungen lag klar und übersichtlich vor mir, die Mißverständnisse waren zu Ende und die Jagd der Symbole hatte Wirklichkeiten erlegt. Schwarzer Panther meines Herzens, bunter Schmetterling meiner Sinne! Ich erkannte, daß mein Verhalten ein System in sich barg, an dem ich nicht Schuld trug, das vielmehr mein Empfinden lenkte. Alles in mir war auf das Natürliche und Notwendige gerichtet. Ich schritt die Leiter der Entwicklungen zurück und schreite sie nun wieder nach vorne zu. Bald werde ich wieder beim Menschen der Zukunft sein, nachdem ich bei den Wesen der Vorzeit gewesen bin.

Stimmung, südamerikanische Djunglestimmung, was war das? Als ich die Tropen noch nicht kannte, vermeinte ich's zu wissen. Ich trug es damals in mir, die Tropen waren in mir vorweggenommen, irgendwann einmal in grauer Vorzeit mußte ich sie erlebt haben, als ich noch in meiner Mutter Schoß im lauen Klima, von Nahrung umbrandet und umspült, lag. Später kam ich hin und sah den Dingen auf den Grund, sah buchstäblich in ein schleimiges wimmelndes Wasser von Zellenleben zwischen Urwaldufern hinab. Ich begegnete einem Panther und erkannte den Lebensmodus meiner

Nerven in ihm wieder. Ein Schmetterling des Llano belehrte mich, daß meine etwas schüchtern machenden demokratischen Nerven, wenn sie auch das Zeichen waren, daß ich aus kleinem Hause herstammte, doch endgültig über das Weltprinzip der fetten Seelenruhe gesiegt hatten und eine große Karriere ahnen ließen. Und die gut konstituierten Menschen eines Indianerdorfes erinnerten mich an meine vernehmlichsten Wünsche, die Lust, die fröhlichen Begleiterscheinungen meines Jagdtriebes. Es war alles wohl abgestuft. Einen Schritt weiter noch auf dieser Skala und ich stand wieder mitten auf einem Platze in Paris oder Berlin und war in meiner Art ein Staatsmann, so wie ich das Leben um mich her nun auf seine treibenden Urelemente hin übersah. Ich war bei Zellen, Insekten und Raubtieren gewesen und hielt mich in der Seele des Indianers, des schönsten aller wilden Menschen auf. Langsam näherte ich mich mir selber – dem intellektuellen Kaukasier, dem nervösen Nordlandmenschen – da war ich schon über mich hinaus, ich war in der Seele Slims, des Weltmenschen.

Puppenhülse
Erycinide
an Stanhopea
El Medeo
22. III 24
El Medeo. 14. III. 24
El Medio
26. III 24
El Medio. 28. III 24.
Parchesilau
El Medi
El Medi
III 24
El Medio. 30. III. 24. ××
Telegramme: ZEISSWERK BERLIN.
TELEPHON: NOLLENDORF Nr. 1540, 1541.
POSTSCHECK KONTO: BERLIN Nr. 12077.
DEUTSCHE BANK, DEPOS.-CASSE C, BERLIN W.
EISS
LIN
BERLIN W. 9, 20. Mai 1920.
POTSDAMERSTR. 139
Böhmer,
Berlin O.
Berlin

67 NYMPHALIDAE *Anartia jatrophae* L., Kolumbien: El Medio, 21. III. 1924

68

69

68 PIERIDAE *Perrhybris* Hbn. spec., Kolumbien: Guayuriba – Villa Vicencio, 1. XII. 1922
69 NYMPHALIDAE *Colaenis phaetusa f. stupenda* Stich., Kolumbien: Pto. Wilches, 14. XII. 1920
70 DANAIDAE *Lycorea* Dbl. Hew. spec., Kolumbien: El Medio, 30. III. 1924
71 PAPILIONIDAE *Papilio polydamas* L., Kolumbien: El Medio, 28. III. 1924
72 PAPILIONIDAE *Papilio protesilaus f. archesilaus* Fldr., Kolumbien: El Medio, 29. III. 1924
73 NYMPHALIDAE *Heliconius cydno f. epicydnides* Stgr., Kolumbien: El Medio, 10. IV. 1924

70

71

72

73

72

16. MÄRZ 1926 Santa Marta. [...] Ich habe auch bei dieser Gelegenheit wieder gemerkt, wie sehr dieses ständige Gehen der Dampfer mein Heimweh weckt. Es ist damit jetzt so schlimm geworden, daß ich, wenn ich nicht noch meine Sachen in Bogotá hätte, imstande wäre, eines Tages meine Siebensachen stillschweigend auf den nächsten besten Europadampfer zu bringen und lautlos von hier zu verschwinden. Morgen früh soll ich mit Dr. Rivera in die Bananenzone.

74 NYMPHALIDAE *Protogonius* Hbn. spec., Kolumbien: El Medio, 30. III. 1924

75

76

77

78

79

80

81

75 LYCAENIDAE *Thecla battus f. aufidena* Hew., Kolumbien: El Medio, 26. III. 1924
76 SYNTOMIDAE *Cyanopepla submacula* Wkr., Kolumbien: El Medio, 28. III. 1924
77 ARCTIIDAE *Ambryllis boisduvalii* Hoev., Kolumbien: El Medio, 8. IV. 1924
78 ARCTIIDAE *Opharus astur* Cr., Kolumbien: El Medio, 29. III. 1924
79 HESPERIIDAE *Lymnas electron* Godt., Kolumbien: El Medio, 30. III. 1924
80 ARCTIIDAE *Estigmene acraea f. alba* Roths., Kolumbien: El Medio, 26. III. 1924
81 PIERIDAE *Napaea* Hbn. spec., Kolumbien: El Medio, 22. III. 1924

76

77

80

79

«Ich wähle die trockene Art der Schilderung»

Wilhelm Lehmann, 1948

Als ich an einem sonnigen Vormittag den Damm entlanggehe, rechts die Förde, links Parkbäume, sehe ich mir voraus einen Alten, an dessen Kleidung eine Dame etwas betrachtet. Ich komme näher und entdecke am Rockaufschlag des Alten einen Falter mit vibrierenden Flügeln. Auf meinen bittenden Blick überläßt er ihn mir, er habe ihn aufgelesen, damit er nicht zertreten werde. Zu Hause setze ich ihn auf einen Schwertlilienstrauß. Wer es hat, redet nicht, heißt es, vom Tao. Man kann eigentlich nur winken, Zeichen in die Luft schreiben. Ich wähle die trockene Art der Schilderung, da bin ich vor pseudopoetischer Fälschung sicher. Dem vagen Enthusiasmus der meisten Menschen entgegenzukommen, wird oft ein allgemeiner «poetischer» Dunst von Worten verbreitet, als wenn die Poesie der Genauigkeit aus dem Wege gehen müsse. Vom Rücken rötlichgrau mit dunkelbraunem, länglichem Fleck vom Hinterhaupt aus, der Hinterleib braungrau; die Vorderflügel von der Wurzel aus rötlichgrau mit braunen, helleren oder dunkleren wolkigen und zackigen Zeichnungen; die Hinterflügel rosenrot nach innen, außerhalb bleicher, gegen dieses Rosenrot je ein schwarzbraun eingefaßter blauender Kern. Schalt ich die müde Flüchtigkeit der modernen Zivilisationsmenschen, so danke ich der Aufmerksamkeit derer, die vor uns gewesen sind. Es geht nichts über einen guten Namen: Die Flecke auf den Hinterflügeln, unter den Vorderflügeln versteckt, trafen mich als erstes, da ich den Falter auf dem Rockaufschlag sah. So hat jener aufmerksame Mensch Jedermann, der nach Voltaire klüger ist als der Einzelne, bei solchen Flecken an die Augenspiegel des Pfaus gedacht und den Falter zum Unterschied von jenem häufigen Tagesschmetterling «Abendpfauenauge» gerufen.

82 SPHINGIDAE *Xylophanes chiron f. nechus* Cr., Kolumbien: El Medio, 29. III. 1924
83 SPHINGIDAE *Epistor ocypete* L., Kolumbien: El Medio, Morgendämmerung, 15. III. 1924
84 SPHINGIDAE *Leucorhampha triptolemus* Cramer, Kolumbien: El Medio, 16. III. 1924
85 SPHINGIDAE *Herse cingulata* F., Kolumbien: El Medio, 20. III. 1924

82

83

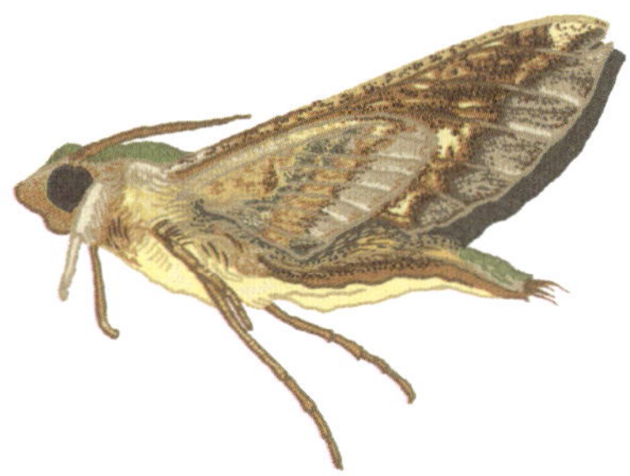

82

84

85

86

87

84

87

86 SPHINGIDAE *Pachylia ficus* L., Kolumbien: El Medio, 20. III. 1924
87 SPHINGIDAE *Pholus anchemolus* Cramer, Kolumbien: El Medio, 17. III. 1924

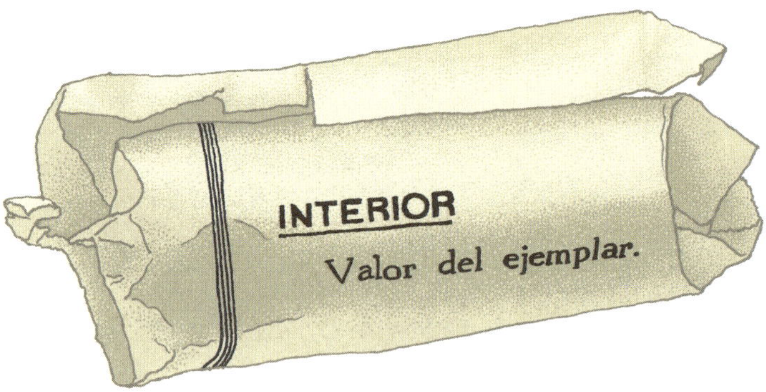

88 PASSALIDAE Kolumbien: El Medio, 14. III. 1924

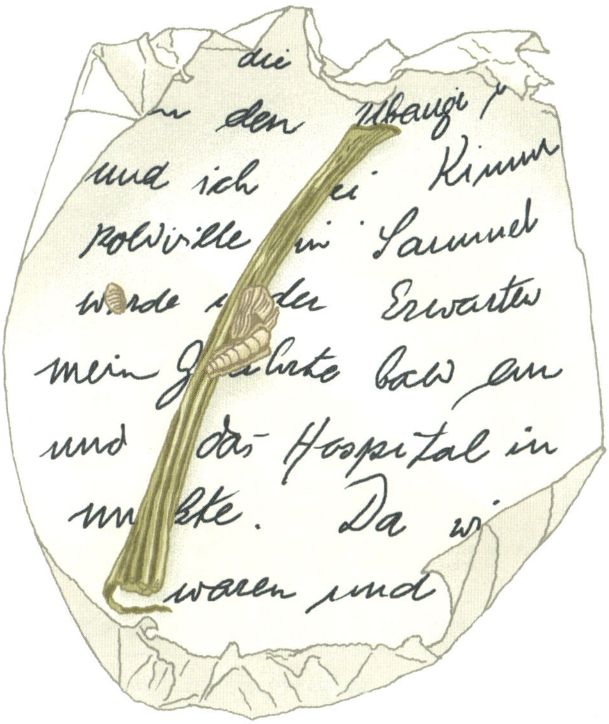

89 ERYCINIDAE Puppenhülle, Kolumbien: El Medio, 22. III. 1924

POPULAR MIXED
POPULAR (MIXED)
A popular assortment at a very low price.
SHIP TIN

Arnold Schultzes Fähigkeit, ein Gelände panoramatisch zu erfassen und dabei die partikularen Einzelheiten nicht aus den Augen zu verlieren, prägt seine Arbeit im Feld und seine Prosa gleichermaßen.

Im Schreiben hält er – in unübertroffener Weise in der Streitschrift «Flammen in der Sierra Nevada de Santa Marta» – die ständig wechselnden Kulissen der Landschaft fest, ja er lässt die Raumtotale fast ungehindert auf sich wirken, um mit Hilfe dieser «Geo-Empathie» zu einer der Landschaft angemessenen Erzähltotalen zu gelangen. Die überwältigenden Rohdaten der durchmessenen Landschaften, Vegetationen und Faunen werden gezähmt und mit geradezu gärtnerischem und kartographischem Geschick der Prosa gefügig gemacht.

Landschaften lassen sich nicht einsammeln. Die Zeichnung, die Karte, die Photographie und der Film rivalisieren seit je mit der Schrift, wobei die Überlegenheit der optischen Erfassung häufig trügerisch ist, weil die schiere Anschaulichkeit des landschaftlichen Raums leichtfertig für dessen Erkenntnis genommen wird. Schultzes Landschaftsprosa opponiert gegen die Vorrangigkeit des Optischen, was bei einem so versierten Zeichner und Kartographen einigermaßen erstaunlich ist. Die Beschreibung einer riesigen afrikanischen Flusslandschaft entfaltet er aus einem für die deutschen Leser vertrauten Bild der Münchner Auenlandschaft, die er Stück für Stück durch die unvertraute afrikanische ersetzt:

«Man denke sich den Englischen Garten in München ins Kolossale vergrößert, die einzelnen Wiesenflächen dort auf 3 bis 4 Kilometer verbreitert und mit viel höherem Graswuchs, statt der Isararme mit ihrem blaugrauen Wasser ansehnliche und tiefe Flußarme von der dunklen Teefärbung der Kongofluten und an Stelle der Busch- und Baumpartien kleinere Flächen eines unberührten schweigenden dunklen Urwaldes, an dessen Rand sich die etwa 20 Meter hohen weißgrauen Spindelstämme der Borussapalmen wie Zwerge ausnehmen. So zeigt sich uns die Inselwelt des unteren Ssanga, eines Nebenflusses des Kongo, der nicht einmal zu den größten zählt. Wenn man sich dies vergegenwärtigt, bekommt man eine ungefähre Vorstellung von den Dimensionen des zweitgrößten Flußgebietes der Erde.» (Arnold Schultze, 1914)

Schultzes schriftstellerischer Blick speist sich aus älteren Lagen. Er setzt eine Tradition von Landschaftsbeschreibung fort, die mit dem Auftauchen der Photographie Mitte des 19. Jahrhunderts bald versiegte. Zum letzten Mal waren die historischen Zeugnisse dieser Landschaftsbeschreibung (zwischen 1750 und 1850) in Rudolf Borchardts Anthologie von 1927 «Der Deutsche in der Landschaft» versammelt.

Im 20. Jahrhundert wurde in der wissenschaftlichen Prosa die, um es mit einem älteren Ausdruck zu sagen, «Gemütsverfassung» des Autors zunehmend an den Rand gedrängt. Erst in allerjüngster Zeit deutet sich eine Neubesinnung an; so wird vor allem in der englischen und amerikanischen Ornithologie der nüchtern-empfindsame Betrachter wieder verstärkt ins Bild gerückt.

Es genügt nicht, ein gutes, geschultes Auge zu haben, um eine Landschaft angemessen zu beschreiben; selbst das wissenschaftliche Vokabular, mit dessen Hilfe das diffus Partikulare geläutert und zum Allgemeinen (einer Theorie, einer Geo-Graphie) in eine lebendige Beziehung gesetzt wird, reicht nicht hin, das bloß richtig Benannte in eine unverwechselbare Prosa zu überführen. Der Betrachter muß in der Landschaft stehen, ihr ausgesetzt und von ihr besetzt sein. Die Schrift ist in diesen von extremen Sensationen durchwirkten Augenblicken der Rettungsanker, das Netz (vergleichbar den Projektionsrastern der Kartographen), indem sie das Hingerissensein, den enormen Wahrnehmungsdruck auffängt, gliedert und dem abwesenden Leser nachvollziehbar macht.

Arnold Schultze ist ein später Nachfahr der wissenschaftlichen Romantik. Borchardts Urteil über deren Prosa läßt sich ohne Not auch auf Schultzes Stil und seine wissenschaftliche Haltung übertragen: «Der Prosastil der ganzen dichtenden Romantik ist trocken, genau, so ungefärbt, dass er farblos wirken kann, wesentlich und sachlich. Die Wirkungen, die er hervorbringt, werden nur durch die strenge und dringende Consequenz der Anschauung hervorgebracht, nicht durch die Palette. Der Versuch, die Ahnung tönend zu machen, bleibt ganz auf die concentrierte innerliche Spannung beschränkt. Sie alle sind nicht, was irgend jemand leichte Lektüre nennen könnte. Wie denn auch? da all dieser gepresste Trieb schon von der nachdrängenden ans Licht verlangenden Wissenschaft, die er in sich enthält und durch Poesie zurückhält, vom Holze gestossen wird, wie der Kirschenflor in einem sommerheissen Frühling von der Ungeduld des ausbrechenden Grün.»

11. JUNI 1926 Orihuëca. Ich beginne einen Bericht über die Waldzerstörung für eine deutsche Fachzeitschrift und mache am Nachmittag einen kleinen Sammelausflug, von dem ich Vertreter der häufigsten hier wachsenden Pflanzen heimbringe.

11. FEBRUAR 1927 Santa Marta. Ich habe heute mit dem Diktat des Berichts ins Reine begonnen. Meine Grippe will nicht weichen: Ja ich habe den Eindruck, daß ich eine neue Grippe bekommen habe. Das Hotel ist voller Menschen, die z. T. auch Grippe haben, und da diese, in der hergebrachten, ferkelhaften Manier in die Zimmer spucken, ist es natürlich unmöglich, sich vor fortgesetzten neuen Ansteckungen zu schützen. – Es kommen ja oft Zeiten, wo alles quergeht. Ein kleiner Trost ist, daß wenigstens meine letzthin in der Sierra Nevada aufgenommenen Photographien recht nett geworden sind.

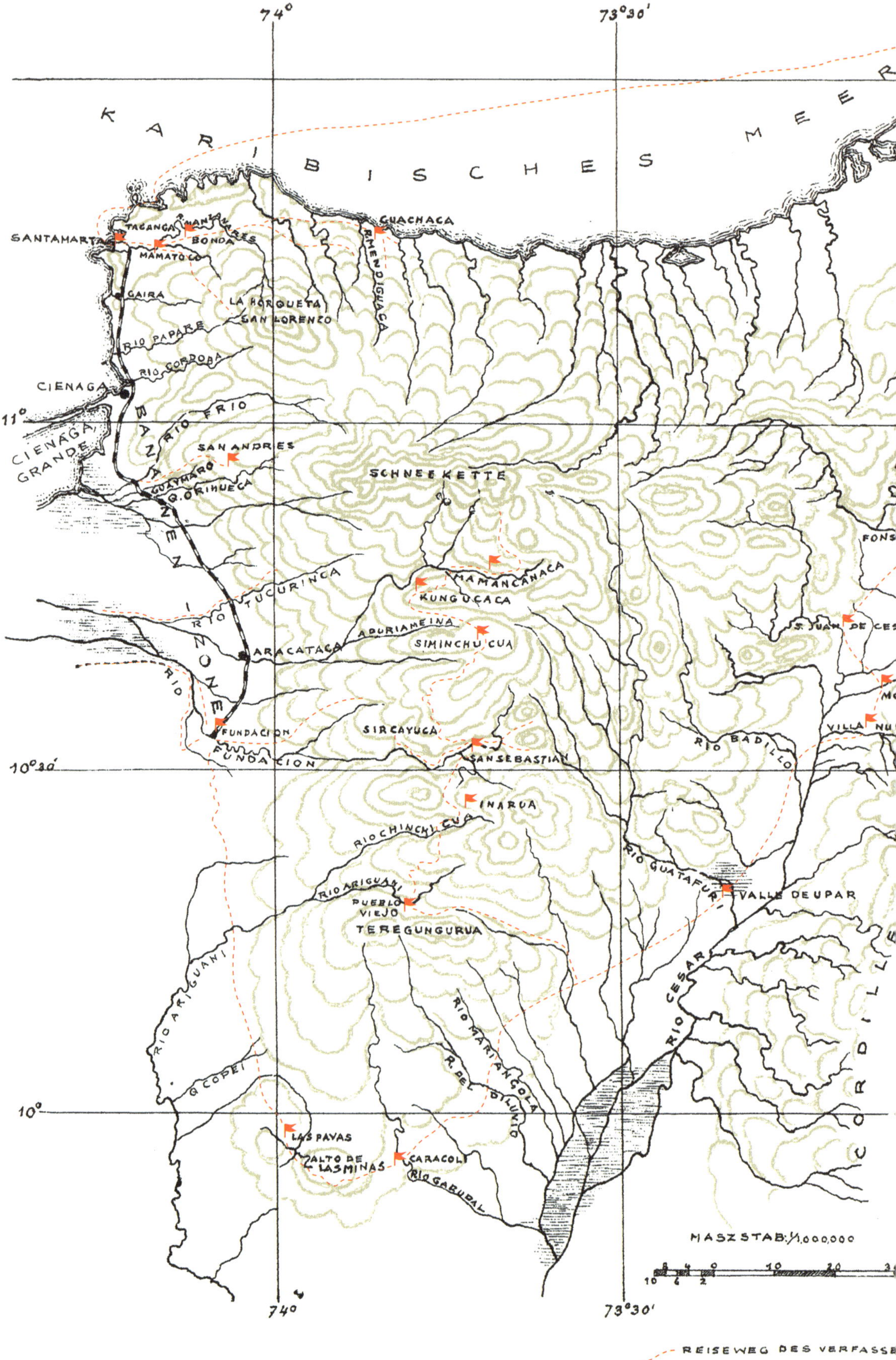

74°
73°30'
KARIBISCHES MEER
SANTAMARTA
TAGANGA
R. MANZANARES
BONDA
MAMATOCO
GUACHACA
R. MENDIGUACA
GAIRA
LA HORQUETA
SAN LORENZO
RIO PAPARE
RIO CORDOBA
CIENAGA
11°
CIENAGA GRANDE
RIO FRIO
SAN ANDRES
BANANENZONE
GUAYMARO
Q. ORIHUECA
SCHNEEKETTE
FONS
MAMANCANACA
KUNGUCACA
RIO TUCURINCA
S. JUAN DE CES
ADURIAMEINA
SIMINCHUCUA
ARACATACA
RIO
VILLA NU
RIO BADILLO
FUNDACION
SIRCAYUCA
SAN SEBASTIAN
10°30'
FUNDACION
INARUA
RIO CHINCHICUA
RIO GUATAFURI
RIO ARIGUANI
PUEBLO VIEJO
VALLE DE UPAR
TEREGUNGURUA
RIO ARIGUANI
RIO CESAR
RIO MARIANGOLA
R. DEL DILUVIO
G. COPEI
CORDILLE
10°
LAS PAVAS
ALTO DE LAS MINAS
CARACOLI
RIO GARUPAL
MASZSTAB: 1/1,000,000
8 4 0 10 20 3
10 6 2
74°
73°30'
REISEWEG DES VERFASSE

FLAMMEN IN DER SIERRA NEVADA DE SANTA MARTA

Arnold Schultze, 1937

Einleitung

In den tropischen Waldländern Latein-Amerikas spielt sich, schon seit vielen Jahrzehnten, ein wirtschaftliches Drama ab, dessen einzelne Phasen die Menschheit nur hier und da in recht empfindlicher Weise spürt, ohne die Zusammenhänge zu ahnen, dessen ganze Größe aber nur dem nachdenklichen Beobachter zu Bewußtsein kommt: Durch Waldverwüstungen sind, wie an einem Beispiel in den folgenden Kapiteln aufgezeigt werden soll, die wirtschaftlichen Verhältnisse reicher, großer Länder von Grund auf in ungünstigem Sinne verändert worden. Durch das Verhalten ihrer eigenen Bewohner treiben diese Länder unaufhaltsam dem sicheren wirtschaftlichen Ruin entgegen, soweit nicht ihre Lenker einsichtig, energisch und – selbstlos genug sind, den Waldverwüstungen entgegenzusteuern.

In den USA hat man seit mehr als einem halben Jahrhundert in ähnlicher, allen ökonomischen Gesetzen Hohn sprechender Weise mit den ehemaligen großen Waldbeständen gewirtschaftet. Heute, fast schon zu spät, sucht man dort in großzügiger und nachahmenswerter Weise – sogar die amerikanische Jugend ist mobil gemacht – durch zielbewußte Wiederaufforstung die unermeßlichen, durch Waldverwüstung angerichteten wirtschaftlichen Schäden wiedergutzumachen. Diesem Beispiel sind einige der latino-amerikanischen Länder gefolgt, allen voran Costa Rica. In diesem Staate ist die sogenannte alljährlich gefeierte «Fiesta del Arbol», an der jedes Kind sein Bäumchen pflanzt, ein richtiges Nationalfest geworden – ein Fest, das reelle Werte schafft und dazu beiträgt, die Schäden, die frühere Waldverwüstung der Wirtschaft des Landes zugefügt hat, allmählich auszugleichen.

Ich hatte, vor nunmehr einem Menschenalter, an den Grenzen des großen afrikanischen Äquatorialwaldes, wiederholt Gelegenheit, Betrachtungen darüber anzustellen, inwieweit die Vernichtung des Waldes den Charakter der tropischen Landschaft beeinflußt. Ihre wirtschaftlichen Schäden kann-

Abb. linke Seite: Das Gebiet der Sierra Nevada, nach einer Karte von Arnold Schultze te ich damals nur aus der Literatur. Diese Schäden selbst zu beobachten, war mir erst vergönnt, als ich viele Jahre später zum ersten Male in Venezuela und Columbien meinen Fuß auf amerikanischen Boden setzte. Achtjährige geologische, topographische und zuletzt auch agronomische Studien verschafften mir Einblick in die wirtschaftlichen Verhältnisse dieses Landes, und gerade die Verwüstung der Wälder und ihre Folgen waren eine der hervorstechendsten Erscheinungen, die sich mir aufdrängten.

In den Jahren 1923 und 1924 erhielt ich von privater Seite den Auftrag, den Ursachen nachzuforschen, die den Verfall der einst blühenden Kakaokulturen im Cauca-Tal verschuldet haben. Ganz genaue, bis ins kleinste gehende Untersuchungen zeigten mir damals, daß es keineswegs, wie allgemein geglaubt, tierische und pflanzliche Schädlinge waren, die den ehemals wichtigsten, blühendsten Zweig der columbianischen Landwirtschaft vernichtet haben, sondern eine Waldverwüstung, mit ihren Auswirkungen, die ohne Beispiel ist. Sie allein ist daran schuld, daß im Cauca-Tal die Quellen versiegten, daß die Niederschläge innerhalb von dreißig, vierzig Jahren – wie genaue Regenmessungen ergaben – von 3 auf 1 Meter gesunken sind, daß die fruchtbare Erde fortgespült wurde und roter, unfruchtbarer, dürrer Lateritboden den Charakter weiter Strecken bestimmt, die einst ein einziger fruchtbarer Garten waren. Sie hat es verschuldet, daß sogar die Viehzucht durch Mangel an Wasser und Weide schweren Schaden litt.

Aber was für das Cauca-Tal (einst der Garten Eden Columbiens!) gilt, kann auf die gesamte Republik (ausgenommen den heute noch vollkommen unerschlossenen Südosten und Südwesten des Landes) sogar in erweitertem Maße angewandt werden. Überall zeigt sich eine bedenkliche Abnahme des Wassers, ohne Ausnahme als Folge der Entwaldung mit Axt und Feuer. Schon macht sich in Gebieten, die für den Anbau von Kaffee ehedem wichtig waren, ein Rückgang der Ernte bemerkbar, weil der Kaffeebaum, durch Mangel an Wasser oder Luftfeuchtigkeit geschwächt, den Schädlingen nicht mehr Widerstand zu leisten vermag. Also auch die Kulturpflanze, die heute in der Wirtschaft des Landes die Rolle des Kakaos übernommen hat, ist bereits bedroht.

Die Ländereien, auf denen der Wald verwüstet wurde, sind meist an dem sogenannten Rastrojo kenntlich, einem artenarmen, niedrigen Buschwald, der im Gegensatz zum Urwald nur im seltensten Falle imstande ist, der erodierenden, abspülenden Wirkung des Regens zu widerstehen und die Bodenfeuchtigkeit zu halten. Er zeigt dem Kenner meist auf den ersten Blick den Boden an, der, von wenigen Ausnahmen abgesehen, für die Landwirtschaft auf immer verloren ist. Man übertreibt schwerlich, wenn man, auf Grund vorsichtiger Schätzungen, annimmt, daß heute dreißig vom Hundert des Gesamtareals der Republik von diesem gänzlich wertlosen, ja für die Landwirtschaft schädlichen Rastrojo eingenommen werden. Und dieses Verhältnis gestaltet sich von Tag zu Tag ungünstiger.

Indessen, die Wirkungen dieser Waldverwüstung sind nicht nur in der Landwirtschaft zu spüren: Von Jahr zu Jahr fühlbarer, ist der empfindliche Wassermangel der Städte in den letzten Jahrzehnten eine Kalamität geworden, welche die Verwaltungen vor eine der schwersten Aufgaben – nicht nur der Wasserversorgung, sondern auch der Hygiene – stellt. Die vollständige Einäscherung der aufblühenden Stadt Manizales im Jahre 1925 ist vorwiegend auf Mangel an Wasser für die Feuerwehr zurückzuführen. Jede andere der columbianischen Städte würde bei einem großen Brande ein ähnliches Schicksal wie Manizales erleiden.

Kaum weniger verhängnisvoll sind die durch übertriebene Entwaldung begünstigten Naturkatastrophen. Man muß nur einmal gesehen haben, wie die Wassermengen der – gerade in entwaldeten Gebieten zu förmlichen Paroxysmen ausartenden – Wolkenbrüche an den kahlen Hängen der Anden herabstürzen, von keinerlei aufsaugender, fester Humusdecke oder Vegetation aufgehalten. Kein Jahr vergeht, in dem die Zeitungen, namentlich zu Beginn der Regenzeit, nicht von Bergrutschen oder verheerenden Überschwemmungen melden, deren eigentliche Ursache in der Waldverwüstung zu suchen ist.

Kaum ein Problem des wirtschaftlichen Lebens in Columbien hat während der letzten Jahre dermaßen die Öffentlichkeit beschäftigt wie die Projekte, welche die Verbesserung der Schiffahrt auf dem Magdalenastrome zum Gegenstande haben. Diese wichtige Lebensader des Landes, eine der wichtigsten Zugangsstraßen zu der Hauptstadt Bogotá, ist heute nur noch während der Regenmonate brauchbar. Die Arbeiten zur Regulierung dieses Stromes würden in die richtigen Bahnen gelenkt werden, wenn man den ersten Ursachen der enormen Schwankungen im Wasserstande des Flusses nachforschte. Die Lösung der Aufgabe ist meiner Meinung nach weniger im Flußbette selbst zu finden als im Quellgebiete der vielen Hunderte von Flüssen, Flüßchen und Bächen, die in ihrer vereinigten Gesamtwassermenge das ausmachen, was als Rio Magdalena das Karibische Meer erreicht. In diesen Quellgebieten, oft viele Tagereisen vom Bette des Flusses entfernt, müssen wir den Schäden nachspüren, wenn wir das Übel beseitigen wollen. Eine Statistik über die Zerstörung der dortigen Wälder, besonders während der letzten Jahrzehnte, würde zu höchst überraschenden und traurigen, ja geradezu erschreckenden Resultaten führen.

Es gibt wohl unter den neueren, von Ausländern verfaßten Reisewerken über Columbien keines, in dem sich nicht irgendein warnender Hinweis auf die Waldverwüstung fände. Der Würzburger Geograph Karl Sapper hat sogar während seiner letzten Reise unter dem Eindruck der fortschreitenden Zerstörung der Wälder in Columbien eine Denkschrift verfaßt, die auf diesen Gegenstand Bezug nahm und vom columbianischen Ministerio de Industrias veröffentlicht wurde.

Sie ist im Lande kaum bekannt geworden und hat auf die Allgemeinheit der Columbianer ebensowenig Eindruck gemacht wie gelegentlich ähnliche Publikationen anderer Ausländer in der columbianischen Presse.

Unter den Dingen, die Veranlassung werden, den Wald auszurotten, steht die Ganaderia, die Viehzucht, obenan. Viele Tausende von Quadratkilometern ausgezeichneten, ehedem von Urwäldern bedeckten Plantagenlandes wurden so für einen Zweig der Landwirtschaft geopfert, der nur einen kleinen Bruchteil von dem Nutzen einbringt, mit dem auf gleichem Raum rein tropische Erzeugnisse, wie Kaffee, Kakao und andere Produkte, den Besitzer belohnen würden. Einer der früheren columbianischen Minister, Dr. Aquilino Villegas, hat dieses sogar, unter Hinweis auf den Kaffeebau, statistisch einwandfrei nachgewiesen.

Viel Unheil richtet an das Gesetz über die durch Gesuch beantragte Zuteilung von Nationalland (der sogenannten «terrenos baldíos») an Privatpersonen. Dieses Gesetz legt dem Antragsteller die Verpflichtung auf, innerhalb von fünf Jahren zwei Drittel des ihm zuerteilten Landes unter Kultur zu haben. Da aber nur ein ganz geringer Prozentsatz der Landwirte die Mittel besitzt, dieser Verpflichtung nachzukommen, wird in jedem Jahre ein anderes Stück Wald «kultiviert», d.h. durch Axt und Feuer vernichtet, dann in ganz oberflächlicher Weise mit Mais oder Maniok bepflanzt, um es im nächsten Jahre für immer seinem Schicksal zu überlassen. Dieses System der Brandkultur ist ein wahrer Krebsschaden. Die wertvollen Hölzer, unermeßliche Werte darstellend, werden verbrannt (nur in den seltensten Fällen nutzbar gemacht), der Boden wird ausgetrocknet und der Einwirkung der Atmosphärilien überliefert; die Quellen verschwinden, und es treten notgedrungen alle die Unzuträglichkeiten und Schäden ein, die oben auseinandergesetzt wurden. Dem columbianischen Kongreß lag im Jahre 1924 ein Gesetz vor, das zum Zweck hatte, hier Abhilfe zu schaffen. Es ist leider, wie so manche anderen segensreichen Vorlagen in Columbien, der Politik zum Opfer gefallen. So nimmt das Drama unaufhaltsam seinen Gang, und ich wüßte nicht, daß bisher irgend etwas geschehen wäre, es aufzuhalten.

Zu Ende des Jahres 1925 traf ich, von Bogotá kommend, in meinem neuen Arbeitsgebiet am Fuße der Sierra Nevada de Santa Marta ein. Ich sah bald, daß alle Probleme, welche mit der Vernichtung der Wälder im Zusammenhange stehen, hier, auf verhältnismäßig engem Raume, besonders deutlich in Erscheinung traten. So beschloß ich, ihnen meine ganz besondere Aufmerksamkeit zuzuwenden, in der Hoffnung, für die so schwer mißhandelte Natur eine Lanze zu brechen, indem ich die Allgemeinheit auf die Zerstörung aufmerksam mache, die hier am Werke ist.

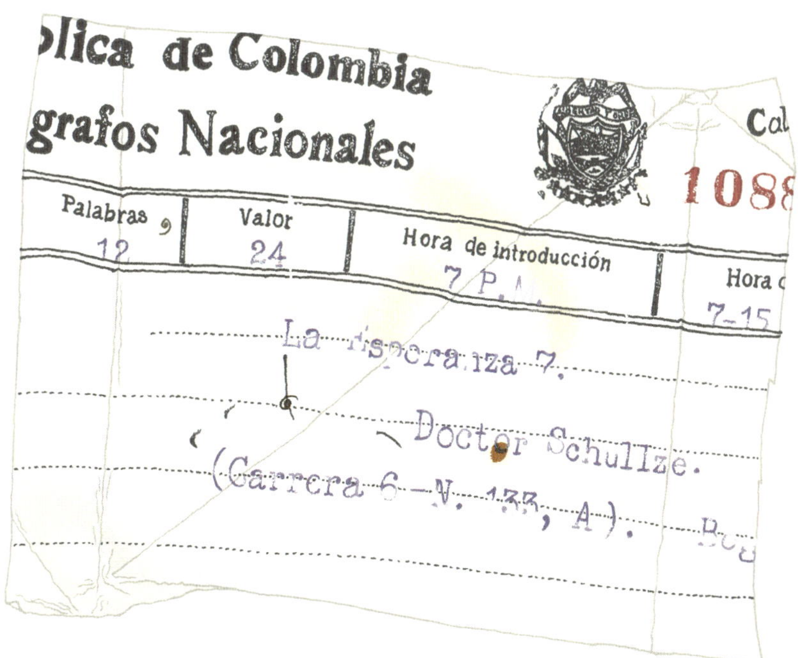
lica de Colombia
grafos Nacionales
Ca
1088
Palabras 9 12
Valor 24
Hora de introducción 7 P.M.
Hora d 7-15
La Esperanza 7.
Doctor Schullze.
(Carrera 6 – N. 133, A). Bo

Bucht und Hafen von Santa Marta, um 1925

Santa Marta

Als ich in **Santa Marta** in den letzten Novembertagen eintraf, war die Trockenzeit in der Stadt und deren nächster Umgebung bereits unbedingter Herrscher. Das Jahr war ganz allgemein ein sehr trockenes gewesen, wenn auch keines von denen, die, wie ich aus glaubhafter Quelle weiß, im Jahre überhaupt nur zwei Regenfälle oder weniger bringen. Ich habe später, sogar im Januar, also mitten in der Trockenzeit, in Santa Marta Unwetter mit Wolkenbrüchen erlebt, die wahrscheinlich im Zusammenhang mit Zyklonen im Karibischen Meere in wenigen Minuten so ungeheure Wassermengen zur Erde brachten, wie ich sie bis dahin in so kurzer Zeit weder irgendwo in den Tropen gesehen noch in dieser Stadt mit ihrer ausgedörrten Umgebung jemals für möglich gehalten hätte – Wassermengen, welche die Straßen bis an die halbmeterhohen Bürgersteige in tiefe und reißende Bäche verwandelten und die Motoren der Automobile zum Stillstande brachten.

Zur Zeit meiner Ankunft freilich herrschte, wie gesagt, uneingeschränkt die Trockenzeit, noch begünstigt durch einen von Tag zu Tag heftiger werdenden stürmischen Passatwind. Kaum ein meteorologisches Phänomen ist so bezeichnend für das Santa Marta der Trockenzeit wie dieser sturmartige und oft tagelang mit unverminderter Heftigkeit wehende Nordostpassat, gegen den man sich nur mit Mühe aufrecht halten kann und der einen nötigt, alle Fenster und Türen der Ostseite hermetisch geschlossen zu halten. Er verdankt die Steigerung zu dieser rein örtlich auftretenden gewaltigen Stärke den topographischen Verhältnissen der Sierra im Nordosten der Stadt. Die Gestaltung des Nordwesthanges der Horqueta ist hier wie ein Hohlweg, der zur Düse eines Riesengebläses wird, wenn der Passat, nach Abgabe seines Wassergehalts an die Nordhänge des Gebirges, sich einen Ausweg nach Westen sucht. Auf seiner 25 km langen Bahn über sonnendurchglühten Dornbusch und Urgestein, über die er dahinrast, erhitzt er sich, trocknet den Boden aus und führt gewaltig hohe Wolken von Sand und Staub vor sich her. Die Kraft der so durch die Luft gewirbelten Sandkörner ist oft so groß, daß sie beim Auftreffen auf die Haut schmerzen und die freistehenden belaubten Pflanzen entblättern oder ihr Laub durchlöchern.

Santa Marta im Lichte der tropischen Sonne mit seinen weißen oder buntgetünchten Häusern und den Türmen der barocken Kathedrale, dahinter die Haine schlanker Kokospalmen an der Peripherie der Stadt, die dornbuschgekrönten Grünschieferklippen um die tiefblaue Bai mit dem kleinen Felseneiland des Morro, und über alldem das lockende, meist von Wolken verhangene Hochgebirge als Hintergrund, das ist ein Bild, mit dem sich kaum ein zweites an den Gestaden des Karibenmeeres vergleichen läßt.

Den freundlichsten Eindruck von Santa Marta gewinnt man unstreitig, wenn man sich auf Spaziergänge am Strande beschränkt, an dem heute eine breite zementierte Gehbahn, von Almendrones *(Terminalia catappa)*, Königspalmen und Ficus beschattet, entlangführt, der Paseo Bastidas. Hier haben wir den Anblick des Meeres mit seinen Wundern, den Fischen der tropischen Gewässer in den klaren blauen Tiefen, mit bizarren Formen, schwarz und weiß wie Zebras gestreift oder in glänzenden Farben, in Veilchenblau, Goldgelb und Orange; ein unvergleichliches Seewasseraquarium! Hier unten am Hafen bringen auch das Kommen und Gehen der Dampfer und der dadurch bedingte rege Verkehr Leben in das bunte Bild am Lande. Hier pulst das Herz des Staates Magdalena, wenn Zug auf Zug in den Verladebahnhof am Quai einrollt, hier freut man sich der ausgezeichneten Organisation, wenn, kaum daß der Zug eingelaufen, die Ketten der Arbeiter die noch unreifen Bananentrauben im Geschwindschritt auf die großen Paternosterwerke tragen, die nun ununterbrochen Tag und Nacht die Ladung dem gekühlten Schiffsraume zuführen. Kaum ist der letzte Bananenbund verstaut, so wirft das Schiff die Trossen los. Nach New York, nach England, Rotterdam und Bremen bringen die durchschnittlich 5000 tons haltenden Dampfer diese Ladung, die, sofern sie für Europa bestimmt ist, als westindische Bananen bereits drei Wochen später die fernsten Punkte, an denen sich Käufer für sie finden, erreicht haben. Wie wenige der Käufer daheim in Mitteleuropa vermögen sich eine Vorstellung davon zu machen, welche Summe von Arbeit, welche Sorgen, Enttäuschungen, wie mancherlei Krankheiten und sogar Gefahren in einem der ungesundesten, heißesten Klimaten der Erde es für alle in diesem Wirtschaftszweig Arbeitenden zu überwinden galt, ehe überhaupt erst das halbreife Produkt im Leibe des Dampfers geborgen ist!

Es stand nun meiner Fahrt in die «Zona reservada», die ich jetzt zum ersten Male kennenlernen sollte, nichts mehr im Wege. Sie führte mich gleich bis **Fundación**, dem Endpunkt der Santa-Marta-Bahn. Nach dieser ersten Reise habe ich diese Strecke zu so und so vielen Malen wieder durchfahren, da an ihr die Ausgangspunkte für die Mehrzahl meiner Expeditionen in die Ebene und das Gebirge lagen. Schließlich kannte ich jeden wichtigen Punkt, ja fast jeden markanten Baum oder Strauch – mindestens ebenso gut wie der Lokomotivführer –, an dieser etwas weniger als 100 km messenden Bahnstrecke. Und jede Fahrt brachte mir irgendeine neue Beobachtung, so öde und langweilig sie auch scheinen mochte.

Gleich hinter Ciénaga, der Bananenzone zu, breiten sich auf weite Strecken hin die tischebenen salzhaltigen Alluvien mit Dornbüschen und Cacteen und der in dichten, heidekrautartigen Polstern wachsenden gelbgrünen *Batis maritima.* Dann kommen ausgedehnte Sumpfflächen, dicht vom Grün der Wasserpflanzen, Seerosen und Teichlinsen, überzogen. Scharen von Wasservögeln tummeln sich zwischen den schwimmenden Blättermassen, Rallen, Teichhühnchen schwarz und stahlblau, graue und weiße Reiher, und zwischen ihnen grasen Rinder, oft bis zum Kopf im Wasser und offensichtlich mit größtem Behagen, denn das saftige, auf dem Wasser schwimmende Grün ist ein weit begehrteres Futter als die spärlichen, welken Kräuter des Dornbusches. Auf den Masten und Drähten der neben der Bahn herlaufenden Telegraphenlinie halten unbeweglich große ziegelrot, weiß und schieferblau gescheckte Königsfischer Ausschau nach Beute.

Und dann beginnen die Bananenfelder, zunächst noch zögernd, wenig üppig und auf kleinere nicht zusammenhängende Flächen verteilt, um sich dann bald zu diesem ungeheuren Pflanzungsgebiet zusammenzuschließen, das von irgendeinem erhöhten Punkt an den unteren Hängen des Gebirges gesehen, den Eindruck einer einzigen, wie ein Meer sich dehnenden, riesigen sattgrünen Fläche macht, die sich erst am westlichen und südwestlichen Horizonte im Dunste verliert. Diese Riesenfläche erfährt in ihrer Einförmigkeit nur wenig Unterbrechungen. Das mit großer Regelmäßigkeit angelegte Netz rechtwinklig von hundert zu hundert Meter sich schneidender Wege verschwindet fast restlos unter den mächtigen Blättern, besonders auf den fruchtbareren Böden, wo die Bananenstaude bis zu 10 m Höhe erreichen kann. Als dunklere Inseln heben sich da und dort von dem Grün der Bananen die letzten Reste des Urwaldes ab, als hellere die kleinen Weideflächen und die Arbeiterkolonien; die Flüsse aber ziehen sich wie silberne Fäden, oft noch eingefaßt von schmalen dunklen Waldstreifen, in vielfach verschlungenen und launischen Mäandern durch die weite Alluvialebene. Vielfach verzweigt, mit Nebengeleisen von 10 km Länge und mehr, dringt das Schienennetz der Santa-Marta-Bahn in dieses Kulturgebiet hinein, um den Segen der eigentlich keinen einzigen Tag unterbrochenen, jahraus, jahrein anhaltenden Bananenernte dem Hauptgeleise und damit dem Welthandel zuzuführen.

Kurz ehe die Bahn den Rio Frio kreuzt, berührt sie fast den Fuß der steil und unvermittelt aufragenden Sierra, die hier mit einem weit in die Ebene hinausgeschobenen Vorsprung ihren westlichsten Punkt erreicht. Von hier nahm die Bananenindustrie ihren Anfang. Hier liegt auch der landschaftlich reizvollste Punkt der ganzen Bahnstrecke, weil die Einförmigkeit der Bananenzone durch die unmittelbare Nähe der hohen, urwaldbedeckten Berge, durch prächtige Gruppen schattenspendender Saman-Bäume und stolzer Königspalmen und die architektonisch wirksamen Häuser der amerikanischen Fruchtgesellschaft inmitten lachender, tropenbunter Gärten unterbrochen wird. Hier beginnt aber auch der Teil der Bananenzone, in dem die Schwüle und Hitze besonders unerträglich wird, weil die Nähe der Berge, selbst zur Zeit der Passatwinde, nur selten der erfrischenden Brise den Zutritt gewährt. Von den Schneebergen ist aber noch immer nichts zu sehen, denn allzunahe liegen andere mächtige Höhenzüge der Sierra Nevada, die den Ausblick auf sie verwehren.

Von Don Julian's Finca aus lernte ich zum ersten Male den höchst eigentümlichen Macondowald, ein Mittelding zwischen Regen- und Trockenwald, kennen, der einem relativ kleinen Gebiet am Südwesthange der Sierra Nevada und den vorgelagerten Ebenen ihr Gepräge gibt, und gerade zur Trockenzeit, wenn die Bäume ohne Laub sind, in seiner herbstlichen Stimmung von hohem landschaftlichen Reiz ist. Der Macondowald hat früher wohl den weitaus größten Teil der fruchtbaren Ebenen südlich vom Rio Frio bedeckt, den jetzt die ausgedehnten Bananenpflanzungen der United Fruit Company und anderer Gesellschaften einnehmen. Heute sind nur noch Reste dieses Waldes übriggeblieben.

Es ist selbst für den Fachmann fast unmöglich, den bunten Blütenflor da oben in Beziehung zu bringen zu dem unentwirrbaren Durcheinander der holzigen, harten, vielfach verschlungenen Lianentaue, die aus dem Stammgewirr des Waldes nach dem Lichte streben. Unverkennbar ist aber stets die «Bejuco Cadena» (Kettenliane) genannte *Bauhinia heterophylla.* Keine andere Liane des heißen Tropenwaldes übertrifft sie an phantastischer Vielgestaltigkeit der Form. Bald sieht sie aus wie ein riesiger Korkzieher, bald wie ein, zuweilen fußbreites, starkgewelltes Band oder wie eine Wendeltreppe – in einigen Gegenden des tropischen Amerika wird sie Affentreppe genannt –, die vom Boden bis in die höchsten Kronen reicht, oder gar wie die Ankerkette eines Ozeandampfers. Unter den weniger starken Schlinggewächsen des Macondowaldes hatten wir uns mehr, als uns lieb war, mit denen zu befassen, welche mit ihrem dichten frischgrünen Vorhang herzförmiger Blätter die durch Windbrüche und Kahlschläge verursachten Lücken in kürzester Zeit auszufüllen trachten. Sie wurden uns stets eins der lästigsten Hindernisse, wenn es galt, uns für unsere Arbeiten Durchhaue zu schaffen. Unter ihrem trügerischen Grün am Boden war es unmöglich zu sehen, wo der Fuß fest auftreten konnte und wo nicht. Zu ungezählten Malen geschah es uns an solchen Stellen, daß wir tief in ein Gewirr vermorschter Zweige oder in einen vermoderten Macondostamm einbrachen. Und wir durften noch froh sein, wenn wir bei solchen Gelegenheiten nicht Armeen von Ameisen, deren Bisse wie das höllische Feuer brannten, mobilmachten. Auch diese Schlinggewächse überraschten oft durch die Formen und Farbenpracht ihrer Blumen, wie die Aristolochien mit ihren bizarren Kannenblüten, die wundervollen Passifloren oder süßduftende Asclepiadaceen. Da und dort machten sich auch, durch die enorme Länge ihrer wie Fäden herabhängenden Blütenstiele ausgezeichnet, die gefürchteten Mucuna-Arten breit, mit dem stark juckenden, lose sitzenden Pelzbesatz ihrer großen Hülsen. An vielen Stellen waren die grünen Vorhänge der Lianen übersät von den himmelblauen oder gelben Trichtern der Ipomea oder den brennend karminroten Sternen des Quamoclit. Nur zur Nachtzeit öffneten sich die großen, zarten Blumen der «Buena noche» *Calonyction bona nox*, süßen Wohlgeruch verbreitend und mit ihrem reinen Weiß gespenstisch aus dem Dunkel leuchtend.

Was mir aber besonders gefiel, war das Tierleben der Wildnis, in das ich, aus allernächster Nähe, fast wie in einem zoologischen Garten, Einblick gewann; und ich wachte peinlich darüber, daß dieses Idyll von meinen Gefährten nicht gestört wurde. Morgen für Morgen wurden wir geweckt von dem Spektakel, das die Brüllaffen vollführten, diesen lauten, meist im tiefsten Baß endenden Grunztönen, ohne die man sich das Erwachen des Tierlebens in den heißen Wäldern der amerikanischen Tropen nicht denken kann. Dann trat die gefiederte Welt in ihre Rechte mit ihrem geräuschvollen Treiben und der bunten Pracht ihres Gefieders. Am bescheidensten gefärbt waren noch die kleinen «Perico» und «Catarnica» genannten smaragdgrünen Papageien, die in großen lärmenden Schwärmen über die Lichtungen eilten, um dann in irgendeinem Baum dem Auge durch ihre Schutzfärbung völlig zu entschwinden. Unbeholfener im Fluge als sie, stets die Pärchen zusammen, stets behaglich schwatzend, auch in der Luft, waren die Loros, die Amazonenpapageien, von denen ich im Macondowalde so ungeheure Mengen beobachtet habe wie niemals vorher in irgendeinem andern Teile des heißen Landes von Colombia. Sie und alle ihre Verwandten haben aber auch geradezu ideale Brutgelegenheiten in den zahllosen Weichholzbäumen, wie sie in solcher Überfülle nur selten vorkommen. Diese Loros, die von allen Papageien des Landes als die sprachbegabtesten gelten, werden mit Leimruten und mit Hilfe eines Lockvogels, der so nolens volens zum Verräter seiner Gattungsgenossen wird, in großen Mengen eingefangen.

Es kommt leider allzu oft vor, daß die Vertrauensseligkeit dieser Papageien durch die Bestie Mensch schmählich getäuscht wird. Einmal schoß, in nichtswürdigem Aasjägertrieb, einer der mich begleitenden Guardabosques, noch ehe ich es verhindern konnte, aus den Baumkronen über uns von einem der blaugelben Guacamayas das Männchen schwer weidwund herunter. Man muß wissen, welch treue, anhängliche Ehegenossen alle Papageien sind, um zu verstehen, was nun folgte. Sofort und unbekümmert um die auch ihm etwa drohende Gefahr bemühte sich das Weibchen, um den leise klagenden Gefährten, dem das Blut über das herrliche blaue und gelbe Gefieder tropfte, in Sicherheit zu bringen, und rief mit durchdringendem Arra-Geschrei noch einen ganzen Schwarm Gattungsgenossen herbei, die nun dicht über unsern Köpfen ein furchtbares Spektakel vollführten, ganz offenbar in dem Bestreben, dem verwundeten Vogel zu Hilfe zu kommen. In dem Verhalten dieser Tiere lag so viel Rührendes, menschlichem Empfinden Verwandtes, daß ich für den Rest des Tages völlig verstimmt war.

Ein großer Saman-Baum bei meinem Lager in El Salado war der Sammelplatz der Leguane («Iguanas»), dieser mächtigen, bis zu einem und einem halben Meter langen Eidechsen, auf deren fabelhafte Schnelligkeit und Lebhaftigkeit die apathischen Gefangenen in unseren Terrarien keine Rückschlüsse zulassen. Zu Dutzenden nahmen die stattlichen Tiere auf den schwer erreichbaren, weitausladenden Ästen des Baumes, vor Verfolgungen sicher, ihr Sonnenbad oder hielten dort ihre Siesta. Die Männchen mit dem tiefausgezackten Kamm über der Rückenmitte und der phantastischen Entwicklung der Hautfalten am Halse entsprachen im kleinen etwa dem Phantasiegebilde, das sich unsere Vorfahren von Drachen machten. Diese gänzlich harmlosen Tiere habe ich während der Mittagspause von meinem Rancho [Farm] aus wiederholt beobachtet, wie sie von ihrem Ast heruntergelaufen kamen, dabei oft in drolliger Weise mit dem Kopfe nickend, um von den saftigen Kräutern am Bachufer zu äsen oder um zu trinken. Elodeo, ein ausgezeichneter Beobachter, bestätigte mir die Harmlosigkeit der Tiere, behauptete auch, daß sie lediglich von Pflanzenkost lebten, und bestritt, was oft behauptet wird, daß sie Küken des Hausgeflügels und andere junge Vögel fingen.

Die Leguane hat die fortgesetzte Verfolgung, der sie von seiten der Menschen ausgesetzt sind, überaus scheu gemacht. Bei der geringsten unvorsichtigen Bewegung des Beobachters eilen sie mit unglaublicher Geschwindigkeit den Baumkronen oder schützendem Gebüsch zu.

Von größeren Säugern kommen die über das ganze tropische Amerika verbreiteten auch im Macondowalde vor. Unter ihnen ist der Jaguar, in Columbien ganz allgemein «el tigre» genannt, eines von denen, die sich gelegentlich bis in die unmittelbare Nähe der Siedlungen wagen. Die Leute haben eine geradezu kindische Furcht vor ihm. Unweit meines Lagers hielt sich zur Zeit meines Aufenthalts in El Salado ein Pärchen Jaguare in dem dichten Dschungel auf, das die träge dahinfließende Quebrada Macaraquilla säumte. Mit einem von diesen Tieren hatte ich eines Morgens eine unerwartete Begegnung, die mich an ein viele Jahre zurückliegendes Erlebnis ähnlicher Art mit einem Leopardenpaare in Afrika erinnerte: Ganz in meine topographischen Arbeiten vertieft, arbeitete ich mich auf einer tags zuvor geschlagenen Trocha durch den Unterwuchs von Heliconien und Maranten, als völlig überraschend nur wenige Schritte vor mir eine der mächtigen Katzen in langem Sprunge über unsern Durchhau wechselte und fast lautlos wie ein Phantom im Dickicht verschwand. Nicht einen Augenblick kam mir der Gedanke an Gefahr, und die einzige Empfindung, der ich mich entsinne, war die des Entzückens über die Grazie der Bewegung und die Pracht der dunkelgelben, schwarzgezeichneten Decke.

Im Macondowalde verstummten auch nach Eintritt der Dunkelheit die Stimmen der Tiere nicht. Diese Laute hatten fast immer etwas Klagendes, Geheimnisvolles und klangen wie aus weiter Ferne. In stillen, klaren Mondnächten tönte der melancholische Pfiff des Faultiers – «Perico ligero» nennen es die Columbianer – aus den im magischen Lichte grauschimmernden Kronen der Guarumobäume *(Cecropia)*, deren große schirmartige Blätter die fast alleinige Nahrung dieses sonderbaren, harmlosen Gesellen bilden. Der Ruf rätselhafter Nachtvögel klang dazwischen und wurde oft Gegenstand abergläubischer Erörterungen, in denen sich meine Gefährten ergingen.

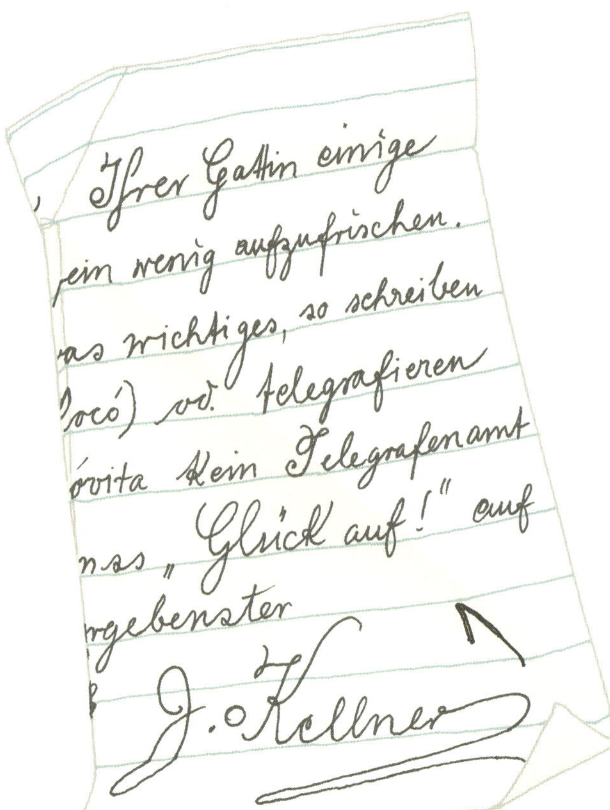

Ich bekam in den letzten Tagen des März den Auftrag, mit Untersuchungen darüber zu beginnen, ob es lohnend und möglich sei, dieses zur Trockenzeit völlig wasserlose Gebiet durch künstliche Bewässerung vom Rio Fundación aus in Kulturland zu verwandeln, das man auch außerhalb der Regenmonate, und womöglich für den Anbau der Banane, nutzbar machen könne. Mit diesem Lande machte ich inmitten der Trockenzeit Bekanntschaft.

Zunächst kam es für mich darauf an, den Rio San Sebastián an der Stelle kennenzulernen, die zum Ausgangspunkt für die geplante Bewässerungsanlage werden sollte, und dort zugleich die Wassermenge des Flusses zu messen. Das Auffinden dieses Punktes war mit einigen Schwierigkeiten verknüpft; erst in den heißesten Nachmittagsstunden konnte ich mit meiner Arbeit im Fluß beginnen, schweißgebadet und von ganzen Wolken niederträchtiger Simulien halb zur Verzweiflung gebracht. Für mich wurde dieser Ritt aber doch noch lohnend, weil die Stelle des Flusses, an der ich meine Messungen vornahm, einen interessanten Beitrag zu dem Problem des Einflusses der Vegetation auf die Haltbarkeit der Flußufer lieferte. An einer Krümmung des Flusses grenzte, gerade am Hohlufer, ein Stück bis unter den Wasserspiegel reichenden Humusbodens mit primärem Waldbestand an tonigen, sehr festen Sandstein, und es war interessant zu sehen, wie sich das dichte Wurzelgewirr des Urwaldbodens viel widerstandsfähiger gegenüber der erodierenden Kraft des Wassers zeigte als der Fels gleich daneben. In diesen hatten die im Wasser mitgeführten festen Bestandteile eine breite Nute herausgearbeitet, die tief das Ufer unterhöhlte, während sie den dichtverfilzten elastischen Wurzeln des Urwaldes, die den schwarzen, zwischen ihnen eingebetteten Humusboden zähe festhielten, nichts anhaben konnten. Diese Uferwand redete eine überzeugende Sprache, und mir drängte sich der Vergleich auf mit dem, was ich so oft am Rio Magdalena beobachtet hatte. Dort wird man leicht die Wahrnehmung machen, daß die der Flußregulierung so schwere Aufgaben stellenden Ufereinstürze fast immer nur an den unter Kultur genommenen oder mit sekundärer Vegetation bedeckten Strecken erfolgen. Ist einmal der Urwald mit seinem in große Tiefen reichenden Wurzelsystem zerstört, so verliert der Boden schnell seine frühere Festigkeit. Der jetzt neu auftretende, schnell wachsende sekundäre Wald, das Rastrojo, besteht fast durchweg aus Bäumen, wie Ceiba, Balso, Guarumo *(Cecropia)*, die mit ihrem Wurzelsystem ganz an der Oberfläche bleiben oder doch kaum in die Tiefe dringen und so der Unterspülung der Ufer keinen Widerstand entgegensetzen können. Diese einfache Tatsache kann zwar der Beobachtung der Uferanwohner, seien sie Ackerbauer oder Viehzüchter, kaum entgangen sein, aber der menschliche Egoismus ist auch hier, wie überall, stärker als die Einsicht, der in diesem Falle nur streng durchgeführte Maßnahmen der verantwortlichen Behörden zum Siege verhelfen können.

Die topographische Arbeit in diesem Glutofen wurde mit jeder Stunde beschwerlicher, und nachdem ich am ersten Tage völlig erschöpft von der lähmenden Hitze und einer Ohnmacht nahe in den Nachmittagsstunden die Arbeit hatte abbrechen müssen, trachteten wir danach, spätestens um 2 Uhr ein Unterkommen zu finden. Es gab nur einsame, weit verstreut liegende Ranchos der allerbescheidensten Art, von denen aus ärmliche Vaqueros [Kuhhirten] das magere Vieh ihrer Herren betreuten, aber wir waren dankbar, wenn wir einen erreichten und für die Nacht ein Unterkommen fanden. Lebensmittel waren nicht zu haben außer dem, was wir mitführten, aber weit schlimmer war der Mangel an Weide für unsere Tiere. Er wurde desto fühlbarer, je weiter wir vordrangen. Um an Wasser zu kommen, waren wir ohnehin immer gezwungen, den weiten Weg bis an den Rio Fundación zu machen. Dieser Grund war ausschlaggebend dafür, meine Untersuchungen so sehr wie möglich zu beschleunigen. Ich hatte aber auch genug gesehen und beschloß, meine Arbeiten mit einer Aufnahme der Quebrada Macondo zu beenden, deren Bett in dem geplanten Bewässerungsprojekt dazu ausersehen war, das dem Rio Fundación entnommene Wasser in diesen zurückzuleiten.

Aus der Richtung der Sierra zeigte sich, mit jedem Tage ausgesprochener, die Tendenz zur Bildung von Gewittern. Aber nichts davon drang bis zu dieser gottverlassenen heißen Ebene. Der Rauch der Buschbrände, der dauernd über dem Walde hing, verhinderte immer wieder die Bildung des seit langem sehnlichst erwarteten Regens. Ich wußte nach meiner bisherigen Erfahrung, daß nicht nur im Macondowalde bei Fundación, nicht nur im Departamento Magdalena, sondern im ganzen Lande Colombia, soweit nicht gerade örtlich bedingte Regenzeit herrschte, ähnliches vor sich ging, und daß jetzt zu jeder Stunde des Tages die Flächen, auf denen gleichzeitig die Busch- und Waldfeuer loderten, in ihrer Gesamtheit ungezählte Tausende von Quadratkilometern umfaßten. Ich vergegenwärtigte mir lebhaft das Entzücken, welches die columbianischen Landleute stets empfanden – oft genug hatte ich's ja mitangesehen –, wenn sich zur Nachtzeit ihre Augen daran weideten, wie die roten Schlangen der alles vernichtenden Buschfeuer prasselnd die waldigen Berghänge hinaufkrochen, wußte aber ebensogut, daß nicht einer von diesen Menschen sich Gedanken über die Folgen solcher Verwüstung machte. Und wenn man sich daran gewöhnt, nicht nur das zu sehen und in seinen Folgen zu beurteilen, was sich gerade vor den Augen abspielt oder bestenfalls in einer Provinz, sondern darüber nachdenkt, was es bedeutet, wenn täglich ein nicht unbeträchtlicher Teil eines Landes in Flammen steht, das sich über fünfzehn Breitengrade und fast ebensoviel Längengrade erstreckt, so kommt es einem nicht mehr absurd vor, an eine Beeinflussung der meteorologischen Verhältnisse durch die nie verlöschenden Buschfeuer zu glauben. Ja sogar die auffallende Unbeständigkeit im Wechsel der Jahreszeiten, die alle Berechnungen der Landwirte über den Haufen werfen kann, wird dann verständlich. Wenn man ferner nicht nur das Morgen vor Augen hat, sondern den Versuch macht, in Generationen zu denken, so wird einem das Verständnis aufgehen für die Zusammenhänge zwischen der seit Menschenaltern in Columbien geübten Waldverwüstung und dem Austrocknen der Quellen und Flüsse mit den daraus entstehenden schweren wirtschaftlichen Schäden; ja, was unendlich viel wichtiger ist, man wird dann begreifen, daß mit energischen Reformen des Waldschutzes in Colombia eigentlich keine Stunde mehr gezögert werden darf!

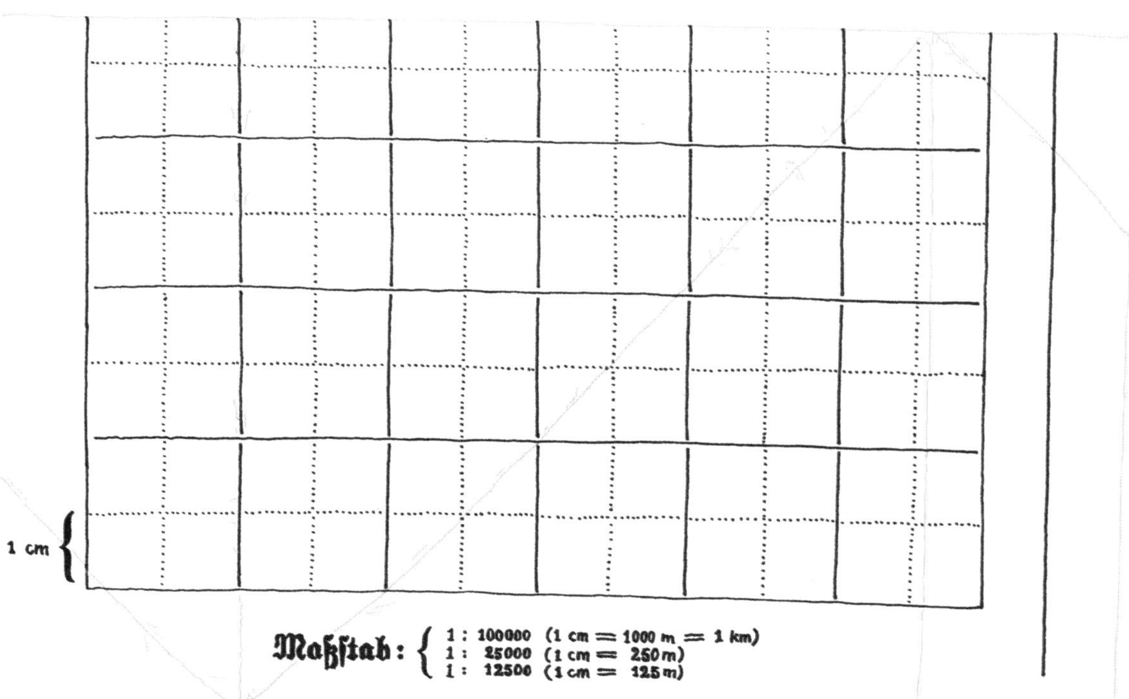

In den Desparramaderos

Im Staate Magdalena liegen die Gegensätze nahe beieinander, Wüste und Wasser. Beide habe ich gründlich kennengelernt. Wenn ich auf Weisungen hin, die direkt aus Bogotá kamen, zu arbeiten hatte, war es meist so, daß ich in der Trockenzeit in solchen Gegenden tätig war, welche an gänzlichem Wassermangel litten, und in der Regenzeit lagen meistens Befehle höheren Ortes vor, die mich in die Desparramaderos schickten. Die Desparramaderos sind, in der Bananenzone, Sümpfe oder richtiger Wasserlabyrinthe, in denen Flüsse oder Bäche sich vorübergehend in ungezählte, sehr unbeständige kleine Arme auflösen oder in einer Anzahl von zusammenhängenden Teichen verlieren, um ihre Wässer dann wieder in einem Lauf zu sammeln. Meist aber ist der Desparramadero eine Art von Delta, in dem die Wasser mehrerer Flußläufe vereint fließen, ehe sie sich im brackigen Haff der Ciénaga grande verlieren, das ich auf meiner Reise von Barranquilla nach Ciénaga zum erstenmal kreuzte.

Gegenüber einem Rancho mit dem ominösen Namen Garrapata (=Zekke) hatte ich meine Aufnahmen am Tucurina-Ufer abgebrochen, weil uns ein Sumpfdickicht von stachligen Palmen («Lata Gallinazo») weiteres Vordringen verwehrte und die Möglichkeit bestand, von hier aus auf dem Flusse selbst müheloser und schneller vorwärts zu kommen. Hierzu sollte mir der Besitzer des Ranchos Garrapata, Don Milciades Rujano, verhelfen. Der Träger dieses klassischen Namens, ein baumlanger Halbneger, der uns in seiner Canoa [Kanu] über den Rio Tucurinca setzte, unterhielt mit den nutzlos am Boden faulenden Bananen der benachbarten Pflanzungen eine einträgliche Schweinezucht im großen. Die tragenden Bananenstämme werden ja leicht durch den Wind zu Fall gebracht. Alles, was an Bananentrauben auf diese Weise zu Boden fällt und mag es noch so wenig gelitten haben, darf für den Export nicht mehr verwandt werden und ist damit wertlos. Darum ist der Schaden gewaltig – oft umfaßt er Millionenwerte –, den die namentlich zu Beginn der Regenzeit auftretenden und von Jahr zu Jahr heftiger werdenden Wirbelstürme anrichten. Diese Wirbelstürme stehen möglicherweise im Zusammenhang mit den übertriebenen Entwaldungen in der Bananenzone, denn mir wurde erzählt, daß sie früher, als die großen Wälder noch standen, weit seltener und mit viel weniger Heftigkeit aufgetreten seien. Eines ist jedenfalls sicher, daß ihre alles vor sich niederwerfende Gewalt – ihre Wirkung ist wie die einer ungeheuren Dampfwalze – wenigstens teilweise gebremst würde, wenn man in kluger Mäßigung zwischen den Bananenfeldern noch einige Waldstücke hätte stehen lassen und nicht alles unter Kultur genommen hätte. So rächt sich auch hier wieder die Natur für die ihr seitens des Menschen angetane Vergewaltigung. Die Folgen eines solchen Tornados ziehen übrigens das ganze Wirtschaftsleben des Staates Magdalena in Mitleidenschaft; denn ein so beträchtlicher Ausfall in der Bananenernte bedingt sofort automatisch den Ausfall des einen oder anderen Fruchtdampfers, vermindert die Verdienstmöglichkeiten und die Zolleinnahmen und hat sogar eine Verzögerung in der Postzustellung zur Folge; denn die Fruchtdampfer befördern zugleich zwischen Santa Marta und den ausländischen Häfen die Post.

Sobald wir in das alte Bett des Rio Aracataca und damit in die Desparramaderos eingetreten waren, änderte sich das Aussehen der Landschaft. Dieses großartige Bild glaubte ich irgendwo schon einmal gesehen zu haben. Es war wie ein Gemälde von Ruysdael: spiegelnde Wasserarme, mächtige Bäume mit dunklem Laub und halbvermorschte Stämme. Bezeichnend für diese Sümpfe waren besonders die zahlreichen, bis zum Horizont sichtbaren, abgestorbenen Bäume, die ihr kahles, helles Astwerk wie Arme Ertrinkender hilflos gen Himmel streckten. Hier war es nicht das Feuer, das sie zum Absterben gebracht hatte, sondern ein Zuviel an Wasser infolge dauernder Versumpfung.

Von allen meinen Erlebnissen in den Desparramaderos haben sich mir am unauslöschlichsten die eingeprägt, welche sich an meine letzten, ergänzenden Flußaufnahmen im Gebiete des Rio Fundación während des zweiten und schlimmsten Teils der Regenzeit knüpften. Ich war mit einer funkelnagelneuen, starken Canoa aus Caracolí-Holz und zwei Begleitern von einem Punkte aufgebrochen, der einen halben Tagemarsch stromaufwärts von Fundación entfernt liegt. Es hatte schwergehalten, ein Fahrzeug und Begleiter zu finden, denn das Hochwasser im Fluß stellte eine Reise in Aussicht, bei der es nicht ohne aufregende Momente abgehen würde. Schon die Fahrt auf diesem oberen Teil des Rio Fundación, in dem der Fluß stark mäandriert und die Ufer in den weitausholenden, oft eng sich berührenden Schleifen fortwährend Einstürzen ausgesetzt sind, legte mir nahe, meine Begleiter zu fragen, ob sie schwimmen könnten. Da einer meiner Ruderer diese Frage verneinte, hielt ich es für ratsam, diesen in Fundación mit einem geeigneteren, des Schwimmens kundigen zu vertauschen. Dieser Entschluß erwies sich in der

Folge als unser Glück. Nach einigem Suchen stellte sich mir auf Empfehlung eines Bekannten ein untersetzter, aber herkulisch gebauter Bursche vor, der das Wagnis, zur Regenzeit in die Deparramaderos einzudringen, mitmachen wollte. Er kannte diese Gegend bereits, hatte sie allerdings nur bei niedrigem Wasserstande durchfahren. Zur Sicherheit brachte er gleich zu unserem Haumesser noch eine Axt mit, um gegebenenfalls in den Kanälen des Flusses größere Hindernisse aus dem Wege zu räumen. Unsere Habe wurde nun im Kanu mittels starker Seile festgebunden, um sie im Falle des Kenterns nicht zu verlieren, und dann wurde die Fahrt fortgesetzt, bei hellem Sonnenschein und bei drückender Schwüle. Der Himmel über uns strahlte in ungetrübtem Blau, aber in der Wetterecke über der Sierra Nevada drohte dunkles Gewölk. Die Fluten füllten das geräumige Bett des Flusses bis zu wenigen Fuß unter dem Rande des Ufers aus und strömten schnell dahin, führten aber nur wenig Treibholz mit. Wir hatten nur darauf zu achten, möglichst die Mitte des Fahrwassers einzuhalten, um uns vor der Möglichkeit zu schützen, unter einen der stürzenden, großen Uferbäume zu kommen. Mit dieser Gefahr war zu rechnen; denn eine Anzahl solcher Bäume lag bereits mit der Krone im Fluß, und in ihren Zweigen rauschte und gluckste das Wasser wie zwischen den Felsen eines Wildbaches. Andere hingen nur noch an einem Teil ihrer weit am Ufer hinkriechenden Wurzeln fest, der Stamm aber schwebte schon frei über dem Wasserspiegel, so daß der Sturz jeden Augenblick erwartet werden konnte. Alle diese Bäume beherbergten in Menge die riesigen Iguanas, die sich bei unserer Annäherung mit lautem Plumps in den Fluß fallen ließen, um unter Wasser schwimmend eine andere Stelle des Ufers zu gewinnen. Der Argwohn dieser harmlosen, schönen Tiere war nur zu berechtigt; denn aus böser Erfahrung mußten sie wissen, daß der Mensch ihr einziger, aber desto ernster zu nehmender Feind ist.

An einer langen Strecke reichten neue Bananenpflanzungen bis an den Rand des Flusses. Große feste Anlagen der amerikanischen Fruchtgesellschaft waren hier im Entstehen, um vom Rio Fundación Wasser zur Berieselung in die Pflanzungen abzuleiten. Daran grenzte dann bald wieder Wildnis, und ein Desparramadero begann, in dem sich der Fluß in zahllosen Verästelungen verlor, so wie sich die Krone eines Baumes verzweigt. Unser Führer behauptete auf Grund gewisser Merkmale, den zum Ziele führenden Arm des Rio Fundación finden zu können. Unsere Canoa schoß, den zahlreichen und engen Windungen des Kanals folgend, in der starken

Strömung so schnell dahin, daß wir uns darauf beschränken mußten, scharf aufzupassen und mit einer gelegentlichen Bewegung der steuernden Paddel das Fahrzeug in der Mitte zu halten. Ein schneller Entschluß war besonders dann nötig, wenn wir uns einer der immer häufiger werdenden Abzweigungen näherten, denn dann galt es, sich innerhalb von Sekunden über den einzuschlagenden Weg schlüssig zu werden und dem furchtbaren Sog des jeweils nicht benutzten Flußarmes fernzubleiben, um die gefährliche Querstellung des Canoa zur Strömung zu vermeiden. Bewundernswert waren die Sicherheit und ruhevolle Kraft, mit der meine Leute die Paddel und die sechs Meter langen Staken, die «Palancas», handhabten, wenn die Lage kritisch wurde. Ich mußte mich ganz ihrer Geschicklichkeit anvertrauen; denn ich selbst war vollkommen von der Arbeit mit Kompaß und Routenbuch in Anspruch genommen. So waren wir schließlich bis zu einer Stelle gelangt, an der sich, inmitten eines dicht verflochtenen Rastrojos, der Fluß in drei Arme gabelte. Zwei von diesen Armen, das sahen wir von der Canoa aus, waren nahe ihrer Abzweigung durch festgefahrene Baumstämme verbarrikadiert, es blieb also nur der dritte übrig. In diesen, den größten, steuerten wir nun hinein, aber lange dauerte die Herrlichkeit nicht, denn auch dieser Arm war verstopft. Die Barrikade bestand aus einem großen, von irgendeinem Hochwasser angetriebenen Baumstamm, der sich querliegend in die dichte Ufervegetation rechts und links eingeklemmt hatte, und über dem regellos große Äste hingen, ein richtiger Astverhau. Unter diesem Hindernis schoß mit verstärkter Gewalt schäumend und gurgelnd das Wasser dahin. Große und schnell sich drehende Wirbel zogen die auf dem Wasser treibenden Aststücke in die Tiefe und bewiesen die furchtbare Stärke der saugenden Wirkung. Instinktiv hatte ich das Lasso, das hinter mir für solche Fälle im Canoa lag, klargemacht. Im letzten Augenblick gelang es mir, das Seil über einen Ast zu werfen, der sich von einem Uferbaume aus tief über den Fluß erstreckte, und das Fahrzeug daran festzumachen. Damit war die Gefahr beseitigt, daß sich unsere Canoa quer zur Strömung stellte und gegen die Barrikade gepreßt wurde. Es war nicht daran zu denken, trotz der mitgeführten Axt, dieses Hindernis aus dem Wege zu räumen. Nirgendwo war ein fester Punkt zu entdecken, von dem aus wir diese Arbeit hätten vornehmen können. Mit den langen Staken fanden wir keinen Grund, und außerdem konnten wir, über die Barrikade wegblickend, noch andere Hindernisse im Flusse sehen. Wir brauchten allein eine halbe

Stunde, um an diesem Hindernis vorbeizukommen. Oft mußten wir uns zurücktreiben lassen, um am anderen Ufer zu versuchen, was uns auf dem entgegengesetzten nicht geglückt war. Das war fast immer dann der Fall, wenn wir die Abzweigung eines Seitenarmes nicht rechtzeitig bemerkt hatten. So kamen wir nur im Schneckentempo und auf umständlichen Zickzackwegen gegen die schreckliche Strömung voran. Inzwischen war mit unheimlicher Schnelligkeit die dunkle Wand im Osten näher gekommen, und unversehens waren wir mitten in dem Unwetter drin, gerade als wir wieder im Kampf mit einer schlimmen Stelle des Ufergebüschs lagen. Der Sturm pfiff uns um die Ohren und der Himmel öffnete seine Schleusen, und Blitz auf Blitz fuhr mit furchtbarem Krachen rechts und links von uns in den Sumpf. Es kamen so ungeheure Wassermengen herunter, daß wir gerade noch auf zwanzig Schritt weit sehen konnten und eine Orientierung nach Kennzeichen am Ufer nicht mehr möglich war. In wenigen Sekunden schon hatten wir einen halben Fuß Regenwasser in der Canoa, das ich mit einer Kürbisschale auszuschöpfen versuchte, aber ich sah bald, daß es ganz unmöglich war, allein gegen diese ins Boot fallenden Wassermengen mit meiner primitiven Lenzpumpe anzuarbeiten, wenn das Wetter nicht bald ein Einsehen hatte. Ein Grauen kroch mir über den Rücken, als ich daran dachte, wie wohl die Situation aussehen möchte, wenn ich darauf bestanden hätte, in den schlimmsten Teil der Desparramaderos einzudringen: Die Lage war ohnehin übel genug. Meine Leute hatten sich beim Fallen der ersten Tropfen sofort ihrer Kleidung entledigt, die ich zusammen mit unserer anderen Habe unter meinem Regenmantel trocken zu halten suchte. Weil wir bei diesem Sündflutregen überhaupt nicht mehr von den Palancas Gebrauch machen konnten, da der Fluß rapide stieg und unsere Canoa sich immer mehr mit Regenwasser füllte, erbot sich unser Herkules aus Fundación, das Fahrzeug, am Ufer selbst vordringend, zu treideln. Wir hatten hierfür etwa zwanzig Meter Lasso zur Verfügung. Der brave Bursche stürzte sich mit Todesverachtung in den schrecklichen Sumpf am Ufer, arbeitete sich unter der furchtbaren Dusche tapfer vorwärts, verschwand zuweilen bis über den Kopf im Wasser, kam aber immer wieder, das Seil fest in der Faust, an die Oberfläche. Wenn es am Ufer keine Bäume oder Sträucher gab, in denen das Lasso sich verfing, bekam mein anderer Begleiter seine Hände frei und wir konnten dann zu zweien das Regenwasser aus dem Kanu schöpfen. Trotzdem kamen wir durch das Treideln mit nur einem Mann schneller vorwärts als vorher mit zwei Staken. Jeder Baum oder jede größere Strauchgruppe aber bedeutete nach wie vor ein zeitraubendes Hindernis.

Wir mußten nach meiner Schätzung inzwischen – es war Spätnachmittag – in die Nähe der Macondo-Mündung gekommen sein, von der aufbrechend ich einmal mit meinen Gefährten in den Zeiten der Dürre und des Durstes unsere Streifen durch die verbrannten Wälder angetreten hatte. Durch den Regen, der mit kaum verminderter Gewalt herniederprasselte, konnte ich endlich einen großen, vom Feuer halbverkohlten Baum wiedererkennen, den ich damals als trigonometrischen Punkt benutzt hatte. Man kann sich kaum über das Wiedersehen mit einem alten Bekannten mehr freuen, als ich es jetzt tat, nachdem ich diesen Platz, freilich unter ganz veränderten Bedingungen, wiedergefunden hatte. Wir atmeten erleichtert auf, als wir endlich für unsere Canoa einen leidlich sicheren Hafen gefunden hatten und unsere Siebensachen im strömenden Regen zu dem einsamen offenen Rancho hinaufschleppten.

Ich hatte nun die Absicht, auf dem schnellsten Wege nach Santa Marta zurückzukehren, aber auf der Bahnstation von Tucurinca erreichte mich eine Einladung des spanischen Ingenieurs Dr. de Roces, der mich aufforderte, ihn auf der von ihm geleiteten Goldmine Santa Isabel de Hungria, die am Fuße des Gebirges liegt, für den vor mir liegenden Sonntag zu besuchen. Ich hatte hier bereits früher geologische Untersuchungen ausgeführt und bei dieser Gelegenheit die Gastfreiheit des leitenden Ingenieurs schätzen gelernt; so leistete ich auch jetzt seinem Anerbieten freudig Folge. Einen Tag der Erholung in dem hohen, luftigen Rancho der Mine am Rande des schattigen Urwaldes nach den Aufregungen und Anstrengungen der letzten Wochen wollte ich mir nicht entgehen lassen.

Bei dem Besuch auf der Mine hatte ich dann noch ein kleines Abenteuer zu bestehen, das leicht einen fatalen Ausgang für mich hätte nehmen können. Während eines kurzen Spaziergangs im Halbdämmer des Waldes, kaum hundert Schritt vom Hause, fuhr mitten auf dem Wege irgend etwas, das ich nicht genau gesehen, zischend gegen meine Knie, ohne diese zu erreichen. Als ich zusammenschreckend nach unten blickte, sah ich ein großes graues, braungeflecktes Knäuel sich vor mir bewegen, ohne sich von der Stelle zu rühren. Es war ein Pärchen der giftigen Mapaná *(Lachesis)*, in der Paarung zu einem lebenden Knoten verschlungen, und aus diesem Knäuel fuhr zum zweiten Male ein dreieckiger Schlangenkopf in Richtung auf meine Beine, ohne mich – es fehlte noch eine Handbreite – zu erreichen. Wenn man das so, wie es da lag, daheim in dem Terrarium eines zoologischen Gartens haben könnte, dachte ich einen Augenblick, aber dann rief ich die Leute aus dem Rancho, die mit ihren Flinten angestürzt kamen, und einer von ihnen machte mit einem Schrotschuß dem Liebespaare den Garaus. Aber es war immerhin besser, daß den Schlangen etwas passiert war als mir selbst. Die Tiere waren leider so zerschossen, daß mit der Haut nichts mehr anzufangen war. Das Männchen war nur klein, kaum einen Meter lang, das Weibchen aber, ein Riese, maß ein und einen halben Meter Länge und der breite Kopf mit den tückischen hellen Augen hatte die Größe einer Kinderfaust. Als wir mit den erlegten Schlangen zum Rancho zurückkehrten, stoben die Weiber, die neugierig herbeigeeilt waren, kreischend auseinander; denn nach einem schwer ausrottbaren Aberglauben soll sogar der Anblick der toten Giftschlange noch eine ungünstige Wirkung auf den weiblichen Organismus haben. Ich hatte vorher schon mehrfach Begegnungen mit Giftschlangen in Columbien gehabt, dies aber war die erste, bei der es an einem Faden hing, daß ich gebissen wurde.

Tónico-Laxativo-Quinina

Los habitantes de los trópicos han tenido por mucho tiempo la costumbre de usar quinina y pueden apreciar en todo lo que valen sus efectos sobre el sistema. También saben lo muy desagradable que es usar esta droga en su forma ordinaria.

KITATÓS contiene quinina en su forma más perfecta y eficaz. También la enriquecen ciertos ingredientes laxativos de conocidos méritos que, secundando la acción de la quinina en el sistema, arrojan de los intestinos materias de desecho nocivas y libran a la sangre de los venenos que dimanan del desarrollo de gérmenes en los tejidos. Esta excelente combinación hace posible obtener los mayores resultados del uso de cantidades relativamente pequeñas de quinina, y aliviar el cuerpo de la mayoría de los males que proceden, no solamente de las ponzoñas extendidas por la presencia de los gérmenes, sino también de los depresivos efectos propios de las grandes dosis de quinina. Además de la acción específica de la quinina y de su benéfica propiedad laxante, KITATÓS posee ciertos elementos tónicos y reconstituyentes que contrarrestan poderosamente los efectos de las ponzoñas y venenos acumulados en el sistema.

KITATÓS es el remedio más eficaz y apropiado que se ha descubierto para combatir los desarreglos tropicales provenientes del desarrollo de gérmenes en el cuerpo y de vivir en climas insalubles. Millares de personas han hallado un admirable alivio nuevo en el uso de esta preparación. Los médicos y científicos que han viajado extensamente en los trópicos la recomiendan, así como lo hacen innumerables personas agradecidas que la han usado con gran satisfacción.

10

IMPORTANTES TESTIMONIOS

de distinguidas personas que han tenido ocasión de observar los benéficos efectos de las Píldoras de Vida del Dr. Ross

LE CURARON UNA ANTIGUA AFECCIÓN DEL HÍGADO

El Sr. Don Evaristo Rueda V., de Lebrija, Depto. Sur de Santander, Col
en carta fechada el 25 de Marzo de 1917, se expresa así: "Las PILD
DE VIDA DEL DR. ROSS me han curado de una antigua afección del
que padecía continuamente. El uso metódico y racional de este remedio p
a mis padecimientos."

LE ALIVIARON POR COMPLETO DE UNA CONGESTIÓN

El conocido comerciante Don José del Carmen Saavedra, de Bochalema,
Norte de Santander, Colombia, en testimonio fechado el 20 de Febrero de
nos comunica lo siguiente: "Las PILDORAS DE VIDA DEL DR.
me aliviaron por completo de una congestión e inactividad del hígado, que
sufriendo, estimulando el proceso de la digestión, hasta volverlo a su estado no

SIEMPRE OBTUVO LOS RESULTADOS MÁS SATISFACTORIOS

El Dr. Tomás B. Herrera, que actualmente cuenta 70 años de edad, y
uno de los médicos más antiguos y reputados de las ciudades de Río Hacha y
nega, Colombia, en carta fechada en esta última ciudad el 25 de Agos
1917, nos manifiesta lo siguiente: "Por más de quince años he venido rece
las PILDORAS DE VIDA DEL DR. ROSS a hombres, mujeresy niños,
los desórdenes del aparato digestivo, habiendo obtenido siempre los resultado
satisfactorios.

ÉXITO CONTRA LOS DESÓRDENES DEL APARATO DIGESTIVO

El renombrado Dr. Estanislao García M., de Fusagasuga, Cundinamarca,
lombia, en Octubre de 1917, se expresaba en los siguientes términos: "Debi
los sorprendentes resultados de las acreditadas PILDORAS DE VIDA DEL
ROSS, con frecuencia las receto a mi clientela, en casos de desórdenes del ap
digestivo, habiendo obtenido siempre muy buen éxito."

EL ESTREÑIMIENTO Y PÉRDIDA DEL APETITO DESAPARECIERON

El estimable farmacéutico Dr. Roberto Rodríguez, residente en Santiago de C
con fecha 17 de Octubre de 1917, nos remitió el siguiente testimonio: "Dur
cuatro meses padecí de continuo estreñimiento, acompañado de pérdida del ape
frecuentes jaquecas y nerviosidad, cuyos síntomas desaparecieron en lo abso
mediante el uso de las PILDORAS DE VIDA DEL DR. ROSS."

SE LIBRÓ DE LOS ATAQUES DE DISPEPSIA Y BILIOSIDAD

La Sra. Doña Hortensia de Olivares, residente en Ureña, Estado de Táchi
Venezuela, en atenta carta fechada el 19 de Enero de 1917, se expresa así:
"Las PILDORAS DE VIDA DEL DR. ROSS me han conservado la salu
Desde hace diez años que he venido tomándolas para regularizar las funciones
estómago, del hígado y de la bilis, me he visto libre de los ataques de dispepsi
biliosidad y estreñimiento, de que tan a menudo padecía antes de recurrir a e
remedio. En casa todos las usamos y muchas de mis amigas, a quienes se las
recomendado, también."

23

Am Alto de San Lorenzo

Wenn man bei klarer Luft von Santa Marta aus den Blick nach Osten schweifen läßt, so bleibt er zuletzt an zwei scheinbar ganz nahe zusammenliegenden hohen, dunklen Gipfeln hängen, von denen der kleinere ausgesprochen kegelförmig erscheint. Es ist der «Horqueta» genannte nordwestlichste Ausläufer der Sierra Nevada, der durch einen langen, kaum jemals von eines Weißen Fuß betretenen, urwaldbedeckten Riegel mit dem Kern des Hochgebirges zusammenhängt. Besonders an die höhere der beiden Kuppen, den lang sich hinziehenden Alto de San Lorenzo, knüpfen sich interessante Betrachtungen, zumal dann, wenn man ihn durch ein scharfes Glas betrachtet. Er liegt in Luftlinie einen guten Tagemarsch von Santa Marta entfernt, also so weit, daß für das bloße Auge keine Einzelheiten mehr zu erkennen sind; im Fernglase aber kann man sehen, daß die Pflanzendecke aus zusammenhängendem hohem Walde besteht, über den hoch hinaus noch schlanke Palmen ragen. Sievers nahm für den Alto de San Lorenzo nur 1800 m in Höhe an, er hat aber, wie ich später feststellte, die Höhe um reichlich 1000 m unterschätzt. Es wird unter solchen Umständen auch begreiflich, daß dieser Berg völlig die Aussicht auf die etwa 5100 m hohe Schneekette versperren muß, die von Santa Marta aus abermals mit großem Abstande gerade hinter ihm liegt. Da der Alto de San Lorenzo den Teil der Sierra Nevada bildet, welcher von den nächsten beiden Andenzügen am weitesten entfernt ist, so schien er mir bei der an sich ja schon isolierten Lage dieses Hochgebirges, besonders auch hinsichtlich seiner Vegetationsverhältnisse, die interessantesten Probleme zu bieten.

Am Alto de San Lorenzo, dessen untere Hänge weniger schroff und unzugänglich sind als die der übrigen Sierra Nevada, liegen die größten Kaffeepflanzungen dieses Gebirges, an denen auch deutsches Kapital, das der früheren Togo-Gesellschaft, beteiligt ist. Die Kaffeepflanzer haben es hier viel weniger leicht als in den anderen Gebirgen Columbiens; denn einmal erschwert die größere Steilheit der Hänge, die durchschnittlich auch an den günstigst gelegenen Stellen immer noch merkbarer ist als in den Hauptkaffeegebieten des Landes, naturgemäß alle Arbeiten; zum andern tritt mit Beseitigung der primären Walddecke und ihres Wurzelsystems sehr leicht eine Austrocknung des Bodens ein, Wald und Humus sind und bleiben aber in diesem Urgesteinsgebiet die wichtigsten Faktoren für die Erhaltung der

Bodenfeuchtigkeit und ganz besonders der Quellen. Die Nachteile, die der Pflanzer in Kauf nehmen muß, werden einigermaßen ausgeglichen durch die leichteren Verschiffungsmöglichkeiten, die das nahe Santa Marta, einer der besten Häfen Südamerikas, bietet.

In dieses hochinteressante Gebiet hineinzukommen, bot sich mir eher Gelegenheit, als ich anfangs gehofft hatte. Der Kommandeur des in Santa Marta stehenden Regiments Córdoba wollte meine Ansichten und Vorschläge bezüglich der sogenannten Colonia Militar, einer Art von Sanatorium, hören, das man für kranke Soldaten schon seit einigen Jahren in den höchstgelegenen Teilen des Alto de San Lorenzo eingerichtet hatte. Da meine vorgesetzte Behörde der Bitte des Regiments zustimmte, konnte ich, von diesem mit Tieren versehen, in Begleitung zweier Soldaten eines sonnigen Julimorgens den langen Marsch nach der Colonia Militar antreten.

Der Trockenwald und die Chaparrales, durch die wir zunächst emporstiegen, gingen allmählich in den Regenwald oder ausgedehnte Dickichte von Zwergbambus über. An den Rändern der Wege entfalteten im Schatten des nun beginnenden Hochwaldes die Farne der Gattung *Adiantum*, das Venushaar, in reicher Artenfülle ihr zierliches, schleierartiges Blattwerk; dazwischen glänzten die Blüten von Gesneraceen in scharlachrotem Sammet und die zartrosenfarbenen von großblättrigen Begonien.

Als wir uns der «Minca» genannten Häusergruppe näherten, nahm der Himmel ein immer bedrohlicheres Aussehen an, so daß ich es vorzog, für heute nicht weiter zu marschieren. Kaum hatten wir uns in einem recht kümmerlichen, aber immerhin sauberen, nach allen Seiten offenen Rancho häuslich eingerichtet, als auch bereits der Regen auf die trockenen Palmblätter des Daches trommelte und den Weg, den wir heraufgestiegen, in einen Gießbach verwandelte. Trotzdem wir am folgenden Morgen zeitig auf den Beinen waren, kamen wir nur sehr langsam vorwärts, weil fast auf jedem halben Kilometer die Carga [Traglast] einen unfreiwilligen Aufenthalt verursachte. Wo durch eine Lücke in der Vegetation die Aussicht auf die Hänge und Schluchten ermöglicht wurde, waren jetzt auch die ersten, tiefer gelegenen Kaffeepflanzungen sichtbar; einzelne von ihnen reichten sogar bis an den Weg heran. Der Wald, in dessen Schatten der Pfad entlangführte, hatte nur wenig Ähnlichkeit mit den Urwaldungen, welche ich bisher in der Sierra Nevada kennengelernt hatte. Ihm fehlten fast alle die Baumtypen, die den Macondowald bei Fundación kennzeichnen. Es war der erste treibhausfeuchte Bergwald, den ich wieder sah, seitdem ich das letztemal durch die Regenwälder der Zentral- und Ostkordillere gestreift war. Hier war wirklich wieder die Überfülle an Formen, die wir vom tropischen Bergwald erwarten, die unendliche Vielgestaltigkeit der ungeheuren Stämme, das Gewirr der Luftwurzeln, die Überfülle der Lianen, die weitausladenden, zarten Kronen hoher Baumfarne, die große Mannigfaltigkeit des Laubes und der Epiphyten.

Der prächtige Wald wurde dann auf lange Strecken hin durch die ausgedehnten Kaffeepflanzungen der Hacienda Cincinnati, den Besitz des Nordamerikaners Flye, unterbrochen, eines der größten Unternehmen im Gebirge mit zahlreichen Baulichkeiten, zu denen sogar ein eigenes Schulhaus und eine Kirche für die Arbeiter gehören. Einen kurzen Aufenthalt, den wir hier einschoben, benutzten wir, um die gänzlich ungeeignete Enjalma [Sattel], die eigentlich für eine Eselladung bestimmt war, gegen eine größere, für Maultiere geeignete, umzutauschen. Nach längerem Marsch durch die sehr gut gehaltenen Pflanzungen hatten wir, immerfort steigend, endlich bei der Hacienda «Vista de Nieve» den Punkt des Aufstieges erreicht, von dem aus man bei gutem Wetter die Schneekette sehen kann. Wir durften mit dieser Möglichkeit nicht rechnen, denn schon vor Erreichen der Hacienda kamen wir in Wolken und Sprühregen hinein. Ein merklich frischeres Lüftchen wehte hier. Im Bergwalde, der hinter den letzten Kaffeepflanzungen wieder in seine Rechte trat, herrschte besonders der höchst sonderbare «Guayabo de Piedra» *(Psidiopsis Moritziana)* vor und bildete stellenweise sogar geschlossene Bestände. Die Form seines eigentümlichen, ganz hell gefärbten, oft fast weißen Stammes ist schwer zu beschreiben. Man könnte sie allenfalls mit einem nachlässig gedrehten Riesenseil vergleichen. Dabei sieht der Stamm auf den ersten Blick ganz so aus, als ob er mitsamt dem Bast entrindet sei. Die Rinde ist glatt, springt aber in Stücken von der Stärke eines Kartons oder gar in papierdünnen Blättern ab, die dann den Boden bedecken. Das Sonderbarste am «Guayabo de Piedra» ist aber, daß er niemals senkrecht nach oben wächst wie die andern Waldbäume, sondern stets schräg in einem Winkel von 45° zur Waagerechten. Im übrigen setzt sich der Wald aus den für diese Höhen so bezeichnenden Hartlaubbäumen zusammen mit lederigen Blättern, oft nicht viel größer als die der Myrte. Eigentümlich ist für diesen Wald auch das Auftreten zahlreicher Bäume und Sträucher, die man in den Wäldern der Anden erst 1000 m höher, d. h. von 2600 m an, beobachtet, wie die «Encenillo»-Arten *(Weinmannia)*, die hübschen blaublü-

Voigtländ

Film-Kamer

Doppelter Auszug mit Zahnbetrieb:
Hinterlinse kann allein zu Landschaftsaufnahmen benutzt werden.

Preis Mk. 170,—
komplet für Platten und Films.

Ausgerüstet mit Collinear III 12 cm f: 6,8 und Automat-Verschlufs.

Für Rollfilms 8,3×10,8 cm und Trockenplatten 9×12 cm.

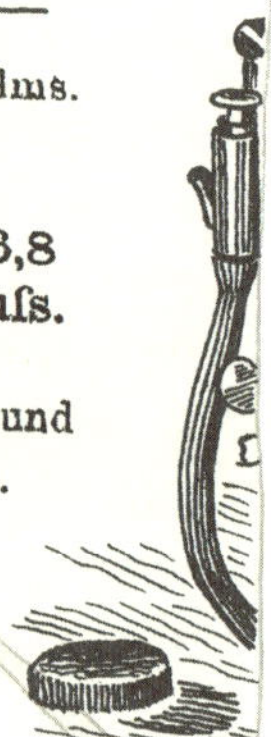

Voigtländer & Sohn,
A.-G.,
Braunschweig, **Voigtlä**
ält. optische Anstalt, gegr. 1756.

Man verlange die Pre

Rhein-u.

Jacob Hü
Stee
$1^1/_2$ km von Bahn
Weinbau und
Export n
Vertret

Friedrich Aule
Münder

Verantwort
Verlag und Druck der Königlichen H

henden *Monnina*-Sträucher und manche andere. Später sah ich, daß diese Pflanzen am Nordhange der Sierra Nevada noch erheblich tiefer, bis zu 700 m, heruntersteigen. Eine höchst merkwürdige Erscheinung, die erst dann erklärt werden kann, wenn wir einmal die geologischen Vorgänge kennen, denen das Gebirge seine heutige Gestaltung verdankt und mit denen auch diese auffallende Abweichung von dem für die Anden geltenden Schema der vertikalen Pflanzenverbreitung in irgendeinem Zusammenhange stehen muß. Unter den Waldbäumen tritt in diesen Höhen auch besonders häufig der berüchtigte «Pedro Hernandez» oder «Manzanillo», *Rhus juglandifolia*, auf, in Columbien weitverbreitet und allgemein gefürchtet wegen der bedenklichen Vergiftungserscheinungen, die bei dafür empfänglichen Personen das bloße Berühren der Pflanze auslöst. Diese Empfindlichkeit gegenüber der Giftwirkung des Manzanillo scheint übrigens individuell sehr verschieden zu sein; denn während sie bei manchen Personen langwierige und sehr bösartige, blatternartige Entzündungen der Haut mit hohem Fieber verursacht, sind andere, wovon ich mich selbst überzeugte, selbst dann vollkommen unempfindlich gegen das Gift, wenn sie sich die Haut mit den Blättern einreiben. Die oft gehörte Behauptung, daß schon die bloße Annäherung an die Pflanze derartige Wirkungen im Gefolge hat, beruht wahrscheinlich auf einem Beobachtungsfehler. Daß bei dem jeweiligen Grade der Vergiftung auch die Autosuggestion irgendeine Rolle spielt, geht schon daraus hervor, daß die Leute in Antioquia beim Anblick der Pflanze «ya de ví» (ich habe dich gesehen) rufen, weil sie glauben, daß der Manzanillo ihnen nun nichts mehr anhaben kann, wenn sie mit seinem Laube in Berührung kommen.

Die Pflanzen, die irgendeine auffallende Wirkung auf den menschlichen Organismus haben, scheinen überhaupt in den Bergwäldern der Sierra Nevada besonders zahlreich zu sein. Ich allein habe mehr als ein Dutzend von ihnen kennengelernt. Als die bemerkenswertesten müssen wir einige Pflanzen ansehen, die so stark anästhesierende Wirkung haben, daß sie beispielsweise, in geringsten Mengen gekaut, die furchtbarsten Zahnschmerzen augenblicklich zum Stillstande bringen, mindestens so prompt wie eine Kokaineinspritzung. Wir dürfen wohl annehmen, daß – abgesehen von den allgemein bekannten Heilpflanzen – den Indianern für jede Krankheit eine oder mehrere Pflanzenmedizinen zur Verfügung stehen und daß sie damit Geheimnisse besitzen, die preiszugeben sie nach ihren bisherigen Erfahrungen mit den «Civilizados» nicht die geringste Veranlassung haben.

An der Kreuzung des Pfades mit der Quebrada [Schlucht] machte ich Bekanntschaft mit einer der allerunangenehmsten Schlingpflanzen des Bergwaldes. Das Treibholz im Bachbett und die Ufersträucher waren dicht übersponnen von dem grünen Gerank eines Kletterers, dessen niedliche zinnoberrote Blüten einen sehr freundlichen und unschuldigen Eindruck machten. Als ich aber in dieses Wirrwarr eindrang, um Proben für mein Herbar zu holen, sah ich mich plötzlich wie durch Hunderte von Koboldhänden an meiner Kleidung festgehalten; ja, die Hosenbeine waren so fest aneinandergeheftet, als ob sie mit unzerreißbaren Fäden aneinandergenäht seien. Es zeigte sich, daß meine Kleidung mit den großen Klettenfrüchten der Schlingpflanze, der *Tourettia lappacea*, einer der merkwürdigsten Bignoniaceen, in so innige Berührung gekommen waren, daß ich weder vor- noch rückwärts konnte. Erst dadurch war ich auf die Anwesenheit dieser heimtückischen, unter dem Laube versteckten Früchte aufmerksam geworden. Es blieb mir nichts übrig, als einen meiner Begleiter zu Hilfe zu rufen, der mit der Machete die Ranken, an denen ich festhing, durchhieb, worauf es mir mit einigem Aufwande an Zeit und noch mehr Geduld gelang, Stück für Stück dieser infamen Riesenkletten mit ihren langen, zähen und nadelscharfen Haken von der Kleidung zu trennen. Daß dies ohne arg zerstochene Hände und einige Blutstropfen nicht abging, war begreiflich, aber meine Kleidung hatte ich wenigstens in leidlich heilem Zustande aus dieser Falle befreit. Eine Viertelstunde nach diesem Intermezzo sah ich inmitten einer größeren Waldlichtung die «Colonia Militar», einen einstöckigen, sehr bescheidenen, weißgetünchten Bau, der mir für einige Nächte Unterkunft gewähren sollte, am Beginn eines schmalen, steil nach beiden Seiten abfallenden Filos vor mir liegen. Es war höchste Zeit, daß wir unter das schützende Dach kamen, denn schon wieder, wie alle diese Tage, hatten sich die dunklen, drohenden Wolken, die über dem Bergwald hingen, zu einem schweren Regen verdichtet, der mich für den Rest des Tages ans Haus bannte. So gewann ich Zeit, mich in dem fensterlosen Wohnraum des Feldwebels einzurichten, der hier oben über das jeweilig anwesende Dutzend von kranken Soldaten gebietet. Mit der Verpflegung hätte es wohl etwas gehapert, wenn ich mich nicht damit vorgesehen hätte; denn die bei der Station auf frischgerodetem Waldboden angebauten Kartoffeln waren noch nicht reif zur Ernte und die Vorräte an Lebensmitteln somit gering. Für die dunkelhäutigen Soldaten, die in diesem bescheidenen Sanatorium Erholung von überstandenen schweren Tropenkrankheiten suchten, war dieser Besuch eines Fremden, der sich für alle möglichen, von ihnen kaum beachtete Dinge interessierte, natürlich ein seltenes Ereignis, das willkommene Abwechselung in das Einerlei dieses stillen Lebens in der Bergeinsamkeit brachte. Sie hielten übrigens gute Kameradschaft mit mir und halfen mir beim Trocknen der gesammelten Pflanzen, indem sie mir den primitiven Backofen, ein Loch in der Steilwand hinter dem Hause, heizten. Sehr interessiert sahen sie zu, als ich mit dem Siedeapparat die Höhe maß, waren aber sehr erstaunt, als ich ihnen erzählte, daß diese Art der Höhenbestimmung die Erfindung ihres berühmten Landsmannes Caldas, des Freundes von Humboldt, war. Für die Colonia Militar hatte ich 1650 m festgestellt und konnte schon hieran ermessen, welcher Höhenunterschied mich noch von dem Gipfel des Alto de San Lorenzo trennte, der ab und zu zwischen jagenden Wolkenfetzen hoch über uns zum Vorschein kam. Der Regen hatte sich inzwischen verzogen, aber die weißen Wolkenschleier hingen noch in den Wipfeln des Urwaldes und füllten Schluchten und Täler tief hinunter bis ins warme Land.

Ein Gefreiter, der mich auf meinen Streifen begleitete, stellte mir eine ganz einzigartige Überraschung in Aussicht. Er erzählte mir von einer Stelle des Bergwaldes, an der, wie er sagte, die «Palma real» große Bestände bildete, die ich unbedingt sehen müßte. Ich konnte mir keine rechte Vorstellung davon machen, was mit dieser «Palma real» gemeint war, weil fast jeder schönen Palme das Epitheton «königlich» beigelegt wird, und war recht gespannt, die mit so begeisterten Worten geschilderte Wunderpalme zu sehen. Nach einem Marsch von einer knappen halben Stunde stand ich dann vor einem Landschaftsbilde, das allerdings zu den eigenartigsten gehörte, die ich in der Sierra Nevada überhaupt gesehen habe. Unter mir am Fuße des Hanges öffnete sich eine große Lichtung, die für die Anlage von Pflanzungen freigeschlagen worden war. Auf dieser Lichtung waren nur die Palmen stehen geblieben, von denen mir mein Führer erzählt hatte. Bis zu dreißig Meter strebten diese wundervollen Bäume, eine *Iriarteacee* der Gattung Dictyocarium, von einem meterhohen kräftigen Wurzelgestell in die Luft. Die wenigen Wedel, aus denen sich die Krone zusammensetzte, glichen einer riesenhaften Straußenfeder. Wie ich später feststellte, waren sie über 5 m lang, ihre Blattstiele an der Wurzel schenkeldick; der ausgewachsene frische Blütenstand war allein so schwer, daß ein einzelner Mann ihn nur mit Mühe heben konnte. Ich konnte, soweit die immer nebliger werdende Atmosphäre zu sehen erlaubte, feststellen, daß auch der Wald ringsum überall dicht von dieser herrlichen Palme durchsetzt war, deren Kronen sich da und dort über die anderen Bäume erhoben. Aus der Tiefe jagten jetzt die Wolken herauf und hüllten uns bald in zähe graue Nebel ein, die zusehends dichter wurden, und in diesen Nebeln hatten die nur noch als blasse Silhouette wirkenden riesigen Palmen etwas schemenhaft Unwirkliches, ja geradezu Gespenstisches, angenommen. Ich konnte gerade noch zwei photographische Aufnahmen von dieser sonderbaren Nebellandschaft machen, als auch schon feiner Sprühregen einsetzte und uns zum schnellsten Rückzug auf das «Sanatorium» nötigte.

Einer der Hauptbeweggründe, diesen hochgelegenen Bergwald kennenzulernen, war für mich der Wunsch, aus nächster Nähe die hohen Palmen zu sehen, deren Anwesenheit ich schon von Santa Marta aus durch mein scharfes Glas hatte feststellen können. Als ich dann, von der Colonia Militar aus, den Wald der höheren Regionen nach bemerkenswerten Erscheinungen, wiederum durch das Fernglas, absuchte, war es mir so gut wie gewiß, daß es sich um irgendeine Art der merkwürdigen Wachspalmen handeln müsse, die für die höchsten Wälder der Anden kennzeichnend sind und sich dort noch bei 3000 m und darüber noch zu größter Üppigkeit entfalten. Hier, in nächster Nähe der Schutzhütte, für die ich die absolute Höhe von rund 2200 m ermittelte, hatte ich die Palmen unmittelbar vor mir. Ihre untere Grenze fiel etwa mit der Höhe des Schutzhauses zusammen. Sie standen überall, bald spärlicher, bald dichter von dieser Höhe aufwärts in dem herrlichen Urwald, der in völliger Unberührtheit wie ein dichter grüner Mantel diese großartige Berglandschaft bedeckte. Und was das Bemerkenswerteste war, sie ragten fünfzehn bis zwanzig Meter hoch über den an sich schon gewaltigen Urwald heraus, der mit seinen Kronen immerhin fünfundzwanzig Meter, wenn nicht mehr, erreichte. Hier hatte ich wieder Humboldts «Wald über dem Walde» vor mir, der mich bereits einige Jahre vorher am Quindiu-Paß in der Zentralkordillere so sehr begeistert hatte.

Am ersten Morgen auf San Lorenzo hatten wir prächtiges sonniges Wetter. Ganz fern im Südosten trat die Schneekette aus dem gewaltigen Felsenmeer heraus, freilich gegen die Frühsonne gesehen, von meinem Standpunkte aus, wenig wirkungsvoll, und es dauerte nicht lange, so war auch das Wenige hinter den Wolken verschwunden, die mit großer Schnelligkeit vom Nordhange der Sierra Nevada heraufeilten. Mit Entzücken aber schweiften meine Augen über wundervolle, nie betretene Urwälder, die sich nach Osten und Südosten dehnten, die Lebensspender für die Landwirtschaft im heißen Tieflande von Ciénaga. Da von Osten her immer mehr Wolken über den langgedehnten Sattel krochen, der den Alto de San Lorenzo mit der zentralen Kette verbindet, mußten wir uns beeilen, wenn wir für den geplanten Aufstieg nicht zu spät kommen wollten. Meine Begleiter waren zwei Soldaten, die beide an Berri-Berri [Vitaminmangel] litten und sich in San Lorenzo auskurieren sollten. Das Gelände gleich oberhalb des Schutzhauses war gänzlich pfadlos und vielfach mit gewaltigen Geröllblöcken übersät, die allerdings von der üppigen Kraut- und Buschvegetation zugedeckt wurden. Nur mit Mühe war es hier möglich, sich langsam mit einem langen Stock vorwärtstastend, einen Weg zu bahnen. Trotzdem einer der mich begleitenden Soldaten behauptete, den Aufstieg zu kennen, kamen wir nur sehr langsam vorwärts.

Wohin wir uns auch wandten, überall schloß dieser ungeheure, völlig pfadlose Urwald wie eine riesige dunkelgrüne Mauer die Lichtung ab. Hinter ihr verbarg sich die Zerrissenheit der Hänge. Tiefe Felsschluchten und Klüfte, in denen die kalten Kristallwasser der Bäche in die Tiefe eilten, sahen wir erst im letzten Augenblick, wenn wir, vor ihren Steilrändern stehend, nicht weiterkonnten. Der Wald ließ an seinem Saum die phantastische Vielgestaltigkeit seiner knorrigen Formen erkennen, denen der tausendjährige Kampf einer trotzig ausharrenden Hochgebirgsvegetation gegen die Stürme dieser Bergwildnis sein Gepräge aufgedrückt hatte. In seinem Schutz entwickelten sich die duftigen hellgrünen Kronen der Baumfarne, und einige der kleineren Palmenarten, stachlige Macánas und die schöne *Euterpe purpurea,* waren bis zu dieser bedeutenden Höhe vorgedrungen. Hoch über allem wogten die schlanken Wachspalmen im Winde wie die Ährenhalme im Kornfelde.

Beim Vordringen durch diese Bergwildnis sah ich auf Schritt und Tritt, welche Schwierigkeiten der Wald im Laufe der Jahrtausende offenbar zu überwinden gehabt hatte, ehe er zwischen dem Felsgewirr festen Fuß fassen konnte, Schwierigkeiten, von denen der Mensch nichts ahnt, der in Wochen mutwillig zerstört, was die Natur in langen Zeitläuften aufgebaut hat. Jeder Schritt, den wir vorwärts taten, mußte genau geprüft werden, denn die dichten Polster von Moosen und Farnen, welche die Blöcke überzogen, ließen kaum erkennen, wohin man jeweils den Fuß zu setzen hatte. So wurde das Steigen überaus mühselig. Das Unterholz, durch das wir uns vorwärts zu arbeiten hatten, machte uns dabei zunächst nur wenig zu schaffen, förderte im Gegenteil oft unser Vordringen. Je steiler die Hänge wurden, desto mehr Stützen und Haltepunkte für Hände und Füße bot uns das Gesträuch, das mit langen kletternden Wurzeln die Felsen umklammerte. Am schlimmsten war eine lang sich hinziehende hohe Steilwand zu nehmen, von der wir von unten nichts gesehen hatten, da sie der Wald verbarg. Dünne Wasserfälle, im Auffallen in kleinste Tröpfchen zerstäubend, überrieselten den stellenweise spiegelglatten Fels und boten so einer reichen Flora von kleinen Farnen, Moosen und Flechten die zu ihrem Gedeihen unerläßliche dauernde Feuchtigkeit. Hier hatten wir eine schlimme Kletterei zu überstehen, auf die wir leider nicht mit Seilen eingerichtet waren, und es schien wegen der Unübersichtlichkeit kaum möglich, die wenigen Stellen zu finden, an denen Füße und Hände einen Halt finden konnten. Bei dieser Kletterei verloren wir leider auch unser einziges Buschmesser und hatten damit keine Möglichkeit mehr, uns, nachdem wir die Felswand glücklich erobert, durch das nunmehr beginnende Dickicht von Zwergbambus *(Chusquea)* durchzuarbeiten. Was für Zwergbambus war dies! Er verdiente wirklich seinen Namen nicht mehr, denn seine Gerten waren weit länger als die seiner gedrungenen Verwandten, der immerhin mächtigen Guadua des heißen Landes; sie reichten tatsächlich bis in die höchsten Baumkronen des Hochwaldes hinein, diese Gerten, um hoch oben ihr anmutiges Laub zu entfalten. So saßen wir also fest in diesem Zwergbambusdickicht, und auch der angeblich wegekundige Soldat wußte nicht mehr aus noch ein. Da wir außerdem durch das Suchen des Weges so viel Zeit verloren hatten, daß die Wolken uns bedenklich auf den Leib rückten, blieb mir nur noch Zeit, bei 2400 m die Höhenmessung mit dem Siedeapparat vorzunehmen, um dann mit meinen Begleitern umzukehren. Wir waren, kurz vor 12 Uhr, noch sehr weit vom Gipfel entfernt, bis zu dem noch mindestens +500 m fehlten. Soweit ich erkennen konnte, war alles bis oben hinauf mit dichtem Urwald bedeckt; die Wachspalmen nahmen an Zahl und, wie mir scheinen wollte, sogar an Größe zu.

Der Abstieg war, namentlich über die Felswand, weit beschwerlicher als der Aufstieg, und besonders dem einen der Soldaten, der sehr über Schmerzen klagte, machte er viel zu schaffen. Hätten wir nur Seile gehabt, so wäre alles viel leichter vonstatten gegangen. So waren wir wirklich froh, als wir am Rande der Lichtung das Wellblechdach des Hauses wieder vor uns sahen. Prompt setzte dann auch nach unserem Eintreffen der Regen ein und fesselte uns an unsere bescheidene Behausung. Einen Tag hatte ich noch zur Verfügung. Ich verwandte ihn für botanische Sammlungen und besonders dazu, mir von den Wachspalmen Herbarmaterial zu verschaffen, um danach die Bestimmung der Art *(Ceroxylon Schultzei)* zu ermöglichen. Das war aber schwerer ausgeführt als gedacht, besonders weil wir nur ein Buschmesser hatten und dieses doch nur ein sehr unzureichendes Werkzeug war, um eine der Palmen umzulegen. Aber es ging, wenn auch unter ganz unerwarteten Schwierigkeiten. Nachdem wir ein geeignetes Exemplar entdeckt hatten, machten wir uns unverzüglich ans Werk. Obschon das harte zähe Holz der Palme den Machete-Hieben großen Widerstand entgegensetzte, gelang es uns nach harter Arbeit, verhältnismäßig schnell sie zu Fall zu bringen. Jetzt kamen aber erst die Schwierigkeiten, denn der, wie wir später ausmaßen, 45 m lange Stamm der Palme konnte ja im dichten Walde nicht zu Boden kommen, sondern blieb in den Kronen anderer Bäume hängen. Nun mußten auch noch einige von diesen gefällt werden, und das war weit schwieriger als das Kappen der Palme. Wenn uns bei dieser Gelegenheit auch anderes botanisches Material als Zugabe in die Hände fiel, so hatten wir doch mehr als einen halben Tag gebraucht, bis wir einen Wedel und einen Fruchtstand der Palme glücklich geborgen hatten. Die jungen Herzblätter gaben ein ausgezeichnetes Gemüse.

Am Nachmittag fiel wieder feiner Regen, der uns unter die Vorhalle des Hauses trieb. Die Zeit wurde gut genutzt, denn wir hatten reichlich damit zu tun, die dickgefüllten Pflanzenpressen am hell lodernden Feuer zu trocknen; und da es immer kälter und ungemütlicher wurde und wir alle stark fröstelten, so war diese Arbeit, die viel Aufmerksamkeit und Geduld erforderte, nicht gar so unangenehm, obschon sie bis spät in die Nacht hinein fortgesetzt werden mußte. Dann kam die letzte kurze Nachtruhe im Bergwald von San Lorenzo. Früh schon im ersten Morgengrauen wickelten wir uns fröstelnd aus den Decken, denn ein sehr langer, beschwerlicher Marsch lag vor uns. Wir mußten den Aschermittwoch dazu benutzen, direkt bis nach Santa Marta durchzumarschieren. Nach anfangs herrlichem Sonnenwetter fiel bald wieder Regen, der den Weg für Reiter fast unbrauchbar machte. So zog ich es vor, zu Fuß zu laufen, zog die Mula am Halfterstrick hinter mir her und kam so schnell vorwärts. Die arme Carga-Mula tat mir leid; sie ließ bei jedem Schritt so etwas wie ein kurzes, vorwurfsvolles Stöhnen hören, das jedenfalls kein Zeichen von Behagen war. Ich fühlte mich so frisch wie selten, und es war mir so, als ob diese drei Tage in der kalten Bergluft mir neue Kräfte für viele Wochen beschwerlicher Arbeit im heißen Fieberklima der Ebene gegeben hätten. Um 5 Uhr nachmittags waren wir wieder in Jamonical, wo ich zuerst etwas davon merkte, daß man in Santa Marta Karneval feierte oder gefeiert hatte. Meine Hoffnung, in Jamonical ein Fahrzeug aufzutreiben, um die stark überanstrengte Carga-Mula zu entlasten, erfüllte sich nicht, aber alle Angenblicke trafen wir auf der schon dämmerigen Landstraße betrunkene Männer und Weiber in der farbenfrohen Karnevalsbemalung al fresco der Gesichter und Kleider. Auch Automobile, die von Santa Marta mit ihrer Ladung angeheiterter Menschen angesaust kamen, begegneten uns. Sie fuhren auf der schmalen Straße so rücksichtslos, daß wir einmal nur mit Mühe einen Zusammenstoß mit unsern Mulas vermeiden konnten. In Mamatoco, das wir passieren mußten, feierte Santa Marta den Kehraus des Karnevals. Aus den hellerleuchteten Kneipen und Tanzlokalen klang wüster Lärm, das Johlen der Männer, das Gequietsche und Lachen der Weiber und dazwischen die Melodien von Blackbottom, Foxtrott und Tango auf Grammophon und Pianola. Hier wirkten diese Tänze wahrhaft bodenständig und echt, und es ist sicher, daß sich die Jeunesse dorée der europäischen und amerikanischen Großstädte hier, in Mamatoco, noch mancherlei wertvolle Anregung hätte holen können. Einer nur von diesen Tänzen, der im Departamento Magdalena populärste, die berühmte Cumbiamba, scheint bisher noch nicht gesellschaftsfähig geworden zu sein. Schade, denn in keinem der anderen modernen Tänze kommt das Charakteristische des Niggertanzes so vollendet zum Ausdruck wie in diesem.

Abb. rechte Seite: Werbebroschüre des Meßgeräteherstellers Fueß, 1940

R. FUESS
BERLIN-STEGLITZ

CODES:
RUDOLF MOSSE UND SUPPL.
ABC 5th ED. IMPROVED

R. FUESS

FABRIK FÜR WISSENSCHAFTLICHE
UND TECHNISCHE PRÄZISIONS-MESSINSTRUMENTE

BERLIN-STEGLITZ · DÜNTHERSTR. 8

FERNRUF: 79 12 12 / POSTSCHLIESSFACH 3
TELEGRAMM-ADRESSE: FUESS BERLINSTEGLITZ

Hypsometer

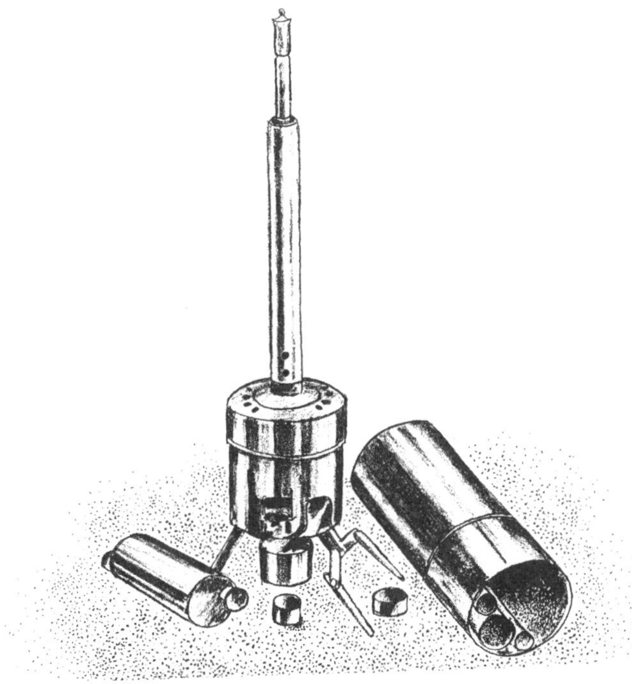

Bild 1
Hypsometer Nr. 57 a in Gebrauchsstellung

Druckschrift 114
Kataloggruppe 1

Ausgabe 1940

Hypsometer

Das Hypsometer

Danckelmann, «Deutsches Kolonial-Lexikon», 1920

Höhenmessungen bilden eine notwendige und wesentliche Unterlage für jede Kartierung eines Landes. Ohne sie läßt sich kein genaues Kartenbild, keine Geländedarstellung erzielen. Die genaueste aller Höhenmeßmethoden ist die Nivellierung, das ist ein Verfahren, bei dem der Höhenunterschied benachbarter, etwa 100 m voneinander entfernter Punkte durch horizontales Zielen mit einem geeigneten Instrument nach genau vertikal stehenden Maßstäben (Meßlatten) bestimmt wird. Die Nivellierinstrumente bestehen im wesentlichen aus einem Fernrohr und einer Libelle, deren Achsen unter sich parallel und beim Gebrauch horizontal sind. Eine weitere Methode, Höhen zu bestimmen, liefert die trigonometrische H. durch Messung von 2 Höhenwinkeln mittels eines mit Libellen und einem Höhenkreis ausgestatteten Theodolits von den Endpunkten einer möglichst genau gemessenen Standlinie aus. Bei den Messungen auf größere Entfernungen ist hierbei der Einfluß der Luftrefraktion und der Erdkrümmung zu berücksichtigen. Für Reisende kommen diese Methoden der H. kaum in Betracht, sondern nur die barometrischen H. mit Hilfe von Quecksilberbarometern, Aneroiden und Siedethermometern, die auf dem Prinzip beruhen, daß der Luftdruck mit wachsender Höhe und in gleichzeitiger Abhängigkeit von der jeweilig herrschenden Lufttemperatur in gesetzmäßiger Weise abnimmt. – Quecksilberbarometer eignen sich ihrer großen Zerbrechlichkeit wegen nicht besonders für Höhenmeßzwecke, besonders nicht unter schwierigen Wegeverhältnissen in der Wildnis. Bei den Aneroiden, die auf Reisen vornehmlich als Höhenmesser dienen, wird der Luftdruck nicht durch die Schwere der Quecksilbersäule, sondern durch die Federkraft einer tunlichst luftleer gemachten dünnwandigen metallenen Dose, welche bei wachsendem Luftdruck zusammengedrückt wird, gemessen. Die minimale Bewegung der oberen Dosenfläche wird durch eine Hebelübersetzung auf einen Zeiger übertragen, der sich über einem mit Millimeterteilung versehenen Zifferblatt dreht und der den jeweiligen Luftdruck, vielfach auch den entsprechenden Höhenwert, diesen natürlich aber nur in ganz roher und angenäherter Weise angibt. So handlich und bequem Aneroide für H.zwecke auch sind, so sind ihre Angaben doch vielen Fehlerquellen unterworfen. Vor allem ändert jeder Stoß, alle stärkeren Luftdruckschwankungen, denen sie ausgesetzt werden (also nach Bergbesteigungen), sehr leicht ihren Stand bzw. ihre Korrektionen in erheblicher, ganz unkontrollierbarer Weise. Für einen Reisenden, der wissenschaftlich verwertbare H. liefern will, ist es daher nicht nur nötig, daß er sich mit mehreren Aneroiden guter Qualität von leistungsfähigen Firmen, z. B. von O. Bohne, Berlin S, Prinzenstr. 90, zum Preise von je 60–80 M versieht, nicht mit gewöhnlicher Ramschware aus dem ersten besten Optikerladen, sondern daß er auch ein Kontrollierinstrument in Gestalt eines Siedeapparates mit 1–2 Siedethermometern mit sich führt. Bekanntlich ändert sich der Siedepunkt reinen Wassers in gesetzmäßiger Weise mit dem jeweiligen Luftdruck. Während z. B. bei 760 mm Barometerstand der Siedepunkt des Wassers bei 100° liegt, siedet Wasser bei 670 mm Luftdruck schon bei 96,5°. In dem leicht transportablen Siedeapparat, in dem man das reine, salzfreie Wasser durch eine kleine Spiritusflamme zum Sieden bringt, führt man nun ein Siedethermometer ein, das der Bequemlichkeit wegen statt der Gradeinteilung gleich eine Teilung aufweist, die den jeweiligen der betr. Siedetemperatur entsprechenden Luftdruck in Millimetern abzulesen gestattet. Indem man dafür sorgt, daß das Thermometer tunlichst weit in den Dampfmantel des Apparates eintaucht und dem Thermometer, nachdem das Wasser zu sieden begonnen hat, die genügende Zeit läßt, um sich definitiv einzustellen (5–6 Minuten), kann man durch gleichzeitige Ablesung des Siedethermometers und der Aneroide leicht die jeweiligen Korrektionen der letzteren ermitteln. Solche Vergleichungen zwischen Siedethermometer und Aneroiden sollten zur Kontrolle der letzteren auf Reisen, namentlich in gebirgigem Gelände, jeden 2. oder 3. Tag vorgenommen werden, besonders aber vor und nach Bergbesteigungen. Siedeapparate liefert die Firma R. Fueß in Berlin-Steglitz. Auf Reisen sind die Aneroidablesungen nicht wahllos, sondern außer im Lager nur an topographisch charakteristischen Punkten, bei Flußübergängen, am Fuß und auf der Höhe von Steilanstiegen, bei Paßübergängen usw. vorzunehmen. Gleichzeitig mit den Aneroidablesungen ist auch eine Bestimmung der jeweilig herrschenden Lufttemperatur mittels Schleuderthermometer auszuführen, weil sonst die Aneroidablesungen für genauere Höhenberechnungen sich nicht verwerten lassen.

Sitz der United Fruit Company in Rio Frio (oben); Arbeiter auf einer Bananenplantage, um 1925

Zum ersten Male bei den Indianern der Sierra Nevada

Wieder einmal tobte in Santa Marta der Nordostpassat wie ein Orkan, jagte Staubwolken vor sich her, rüttelte an den Häusern und zwang, die Türen der Ostseite geschlossen zu halten und tagsüber bei künstlichem Licht zu arbeiten. In den Windpausen herrschte lähmende Glut. Es war in den letzten Tagen des Januar – ausdörrende Trockenzeit –, und ich war froh, als ich einen Auftrag erhielt, der für eine halbe Woche Erlösung aus dem Backofen der Ebene versprach und Arbeiten in den kühleren Regionen des Bergwaldes in Aussicht stellte. Diesmal galt meine Arbeit dem Rio Frio, dessen Quellgebiet zu den wenigstbekannten in der Sierra Nevada gehört, überhaupt fast nie betreten worden ist, auch von den Indianern wohl kaum, trotzdem aber von angeblichen Sachverständigen für eine Besiedlung mit europäischen Kolonisten in Aussicht genommen war. Die höheren Regionen dieses Flusses, zunächst einmal die leichter erreichbaren, kennenzulernen, war darum für mich von besonderem Interesse.

Schon als ich auf meiner ersten Bahnfahrt durch die Bananenzone den Rio Frio bei dem Orte gleichen Namens zum ersten Male kreuzte, hatte der hier fast bis an die Bahn vorgeschobene, waldbedeckte Höhenzug der Sierra Nevada mit seinen herrlichen Landschaftsbildern gar zu verlockend heruntergegrüßt. Jetzt sollte ich ihn kennenlernen.

Nach einem langen Marsch durch Pflanzungsgelände fing ganz unvermittelt der Anstieg auf diesem endlos erscheinenden Urgesteinsrücken an, der sich wie ein langes Vorgebirge in das Bananenmeer hineinschiebt. Es ist der einzige Zugangsweg von Rio Frio nach dem Tal des Flusses, einer von den uralten Indianerpfaden, mit ihrer nicht enden wollenden Folge von Auf und Ab. Man hatte mir schon im Orte gesagt, daß es auf diesem ganzen langen, ausgedörrten, verbrannten Filo [Pfad] während vieler Stunden keinen Tropfen Wasser gäbe. Die Tiere blieben mit fliegenden Flanken alle Augenblicke stehen, kaum daß sie eine Entfernung von Steinwurfweite zurückgelegt. Sie brauchten mehr Zeit zum Verschnaufen als zum Klettern. Ich hatte längst darauf verzichtet, im Sattel zu bleiben, und auch, als ich mein Pferdchen am Lasso hinter mir her zerrte, selbst schweißgebadet, mit keuchenden Lungen und heftig klopfendem Herzen, war kaum etwas gebessert. Das einzige Reittier, das ich nach langem Suchen in Rio Frio aufgetrieben, war den ihm zugemuteten Kletterkunststücken nicht gewachsen und erwies sich sogar ohne Reiter als völlig unfähig, diesen Anstieg zu nehmen. Ich hätte besser daran getan, ganz auf dieses Beförderungsmittel zu verzichten. Nun aber war es zu spät, und ich mußte sehen, wie ich weiterkam. Dieser Weg war allerdings einer der schlimmsten und halsbrecherischsten, die ich je im Gebirge Columbiens betreten, und erforderte größte Vorsicht, wollte man sein Reittier nicht verlieren. Die steilen, stark zerklüfteten Felsen waren derart von der unbarmherzigen Sonne durchglüht, daß man sie kaum mit der Hand berühren konnte. Ich spürte die Hitze durch die Stiefelsohlen durch, als ob ich auf einer glühenden Herdplatte marschierte. Und dennoch, überall stand beiderseits des Weges auf der kümmerlichen Grasdecke der steilen Hänge fast gänzlich entlaubter, schattenloser Buschwald, in allen seinen Vertretern, Bäumen, Sträuchern und Kräutern dieser wüstenartigen Dürre angepaßt. Einer der hier stehenden Bäume, die «Vichá» *(Astronium graveolens),* ließ dem spärlichen Laub, das sich da und dort an den Zweigen zeigte, einen starken aromatischen Geruch entströmen. Dieser ganze trostlose Busch duftete danach. Alle Bäume waren krüppelig, niedrig, bizarr. Am auffallendsten schien mir die Art, wie die *Ceiba*, dieser weitverbreitete Tropenkosmopolit, sich der extremen Trockenheit angepaßt hatte. Dieser Baum, in den feuchtheißen Regenwäldern der Tiefebene durch das Ebenmaß seiner gewaltigen Stämme und seine hoch ansetzenden Brettwurzeln eine der imponierendsten Erscheinungen, hatte sich hier, unter völlig anderen Verhältnissen in einen mißgestalteten grotesken Zwerg verwandelt. Die unförmig zu dicken, bauchigen Flaschen aufgetriebenen Stämme vermochten trotz des in ihnen aufgespeicherten Saftvorrates nur eine kümmerliche, verkrüppelte Krone zu entwickeln, die in argem Mißverhältnis zu ihrem Unterbau stand.

Nicht einmal diesen armen Busch hatten die Menschen in Ruhe gelassen. Statt sich dessen zu freuen, daß er wenigstens während einiger Monate der Regenzeit spärlichen Schatten spendete, hatten die Passanten auch an diese kümmerlichen Vegetationsüberbleibsel, einfach aus schlechter Angewohnheit heraus, Feuer angelegt. Von rechts und links zogen sich an den steilen Hängen dieses endlos langen Filos die schwarzen Flecken der Buschbrände in den dünnen Wald hinein. Es war ein unsagbar trostloses Bild, dessen bloßer Anblick schon Durstgefühl verursachte. Endlich, um die Mittagsstunde, kamen wir an zwei kleine Schluchten, in denen sich als letzter Rest aus der rücksichtslosen Zerstörung des Waldes noch ein kümmerlicher Buschstreifen mit einigen großen Caracolí-Bäumen gerettet hatte. Hier rieselten noch zwei winzige Rinnsale, gerade ausreichend, Menschen und Tiere etwas zu erfrischen, ehe die zweite und steilste Strecke des Anstieges begann. Eine etwas größere Karawane hätte wohl mit diesem geringen Wasservorrat aufgeräumt. Während bisher dürrer Trockenwald mit vereinzelten Macondos, der im wesentlichen wohl niemals sehr viel anders ausgesehen haben mochte, dem Filo das Gepräge gab, zeigten sich nunmehr immer häufiger die Pflanzen des Regenwaldes. Aber freilich, was für verkümmerte Vertreter der Waldflora waren das auf diesen dürren Hängen! Die Reste mächtiger Stubben zeigten deutlich, daß hier ehedem stattlicher Hochwald gestanden, ehe einige ganz Schlaue auf den Gedanken gekommen waren, hier oben Pflanzungen, ja sogar Cafetales, anzulegen. Das Fiasko konnte nicht ausbleiben und übertraf alle Erwartungen. Auf dem zweiten, etwa 700 m hohen, beiderseits jäh abfallenden Teil des Filos, dem «Cerro del Mico», standen noch einige Ranchos, ein Teil davon verlassen und verfallen, inmitten eines wüsten Rastrojos, den ihre Besitzer beschönigend als Pflanzung bezeichneten. Einige halbverdurstete gelbe Kaffeebäumchen waren noch am Leben geblieben, die letzten Opfer eines aussichtslosen Kampfes gegen Dürre und Wasserlosigkeit, die der Vernichtung des Waldes wohl unmittelbar gefolgt waren. Die schlimmste Folge dieser von vornherein zum Tode verurteilten Pflanzungsunternehmen war die fast völlige Austrocknung des Guaymaro-Tales, dessen Sohle tief unter uns rechts vom Wege sich hinzog. Der letzte Rest von Wasser in diesem tief eingeschnittenen Tale entsprang einem kleinen Einzugsgebiet ganz oben am Ende der Kahlschläge, wo noch einige Fetzen des früheren Hochwaldes der Zerstörung entgangen waren. Das Verhältnis der vorhan-

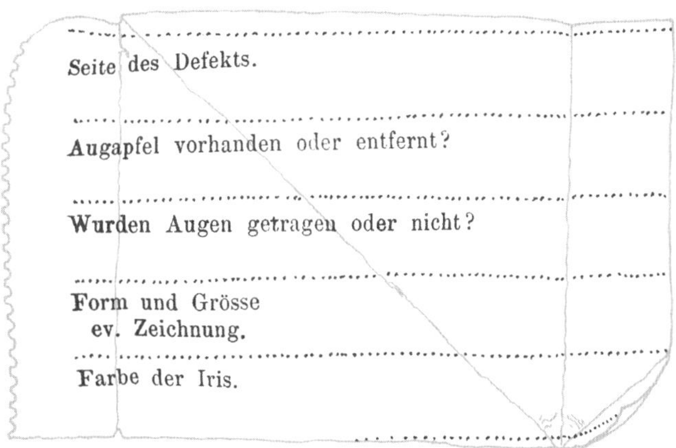
Seite des Defekts.
Augapfel vorhanden oder entfernt?
Wurden Augen getragen oder nicht?
Form und Grösse
ev. Zeichnung.
Farbe der Iris.

denen, geringen Mengen fließenden Wassers zu der Ausdehnung des noch erhaltenen Urwaldstückchens mit Humusboden ließ einen annähernden Rückschluß zu auf die ehemalige, weit reichlichere Wasserführung des Tales in den Zeiten, als alle Hänge noch von jungfräulichem Walde dicht bedeckt waren. Das Tal der Quebrada del Guaymaro ist eins der sprechendsten Beispiele für die verhängnisvollen Folgen der Waldverwüstung. Ich hatte das ja bereits bei früheren Untersuchungen der Möglichkeiten für die Anlage einer Talsperre gesehen.

Auf dem Cerro del Mico fand ich in einem kleinen Rancho zwei Quadratmeter Platz für mein Feldbett. Wasser zum Trinken und Kochen mußte von weither geholt werden. Die Leute, die es brachten, hatten es einem kleinen Quell tief unten im Tal entnommen. Während der Regenzeit ersparen sie sich diesen Weg, da dann die unter den Dachrändern aufgestellten Regentonnen genügend Wasser liefern. An einer anderen Stelle des Filos, an der eine unmerkliche Vertiefung wohl noch etwas Bodenfeuchtigkeit bergen mochte, standen einige dicht belaubte Zitronenbäume, voll der herrlichsten großen Früchte. Auf meine Frage, ob sich ein Verkauf dieser Zitronen nach Ciénaga oder Santa Marta nicht lohne, wo diese Früchte eine große Kostbarkeit sind, wurde mir der Bescheid gegeben, daß die Höhe der Transportkosten jeden Nutzen aus dem Verkauf unmöglich machen würde. Diese Auskunft, die ja auch im Einklang stand mit meinen eigenen Erfahrungen, war immerhin lehrreich im Hinblick auf die Rentabilität der Kolonisationsprojekte für das Tal des Rio Frio, von dessen Zugangsweg ich das erste Drittel zurückgelegt hatte.

Da mich der erste Tag meines Marsches darüber belehrt hatte, daß mein Reittier gänzlich unbrauchbar war, sah ich mich auf dem Cerro del Mico nach einem geeigneteren um. Don Modesto Correa, ein unternehmender junger Mann aus Ciénaga – seine Familie war aus Curaçao eingewandert –, der auf dem Cerro [Hügel] ein Erholungsheim besaß, half mir mit einer starken Mula aus. Auch einen leistungsfähigeren Lastesel konnte ich hier noch mieten, so daß ich Aussicht hatte, mit dem noch vor mir liegenden Teil des Aufstieges fertig zu werden. Dieser Aufstieg war zum Teil weit steiler, er hatte aber die große Annehmlichkeit, daß wir von nun ab meist im tiefen Schatten klettern konnten. Die neugemieteten Tiere machten ihre Sache brav und kletterten vorzüglich, obwohl die hier oben stets reichlicher fallenden Niederschläge den lehmigen Boden stellenweise so glatt machten, als sei er mit einer Seifenschicht bedeckt. Der nun mit jedem Schritt frischer und üppiger werdende Pflanzenwuchs bot dem Auge immer neue wechselvolle Genüsse. Ein starker Duft, wie von Teerosen, veranlaßte mich, nach oben zu sehen, und dabei entdeckte ich, daß er dem häufigsten Baume des Niederwuchses, einer *Lecytis* mit derben weißen, rosarot überhauchten Blüten, entströmte. Für Augenblicke hatte ich die Illusion, als befände ich mich in einem sommerlichen Rosengarten der Heimat. Stundenlang stiegen wir so durch diese duftenden, feuchten, schattigen Wälder. Seltsame süße Blütengerüche scheinen überhaupt zu den besonderen Merkmalen des Bergwaldes dieser Gegenden zu gehören. Als ich ein halbes Jahr später meinen Besuch wiederholte, waren es ganz andere Pflanzen, welche die Räume des Waldes mit ihren Wohlgerüchen erfüllten, die «Azucena», eine baumartige *Rubiacee* mit Büscheln großer schneeweißer Blüten, der «Turumuto», eine zierliche Palme des Unterholzes, deren Duft bis auf eine Entfernung von hundert Schritten reichte, und viele andere Bäume und Sträucher mehr.

Auf den kurzen Ausflügen, deren Ausgangspunkt Don Julios Finca war, begleitete mich der kleine Ricardo, der zweitälteste Sohn des Obersten, und Eugenio, ein Ijca-Indianer aus San Sebastián. Ohne ihre Hilfe wäre es mir unmöglich gewesen, Proben der Waldbäume zu erhalten, die ich meinem Herbar einverleiben wollte. Der Rand der bereits sehr ausgedehnten Lichtung, auf der, abgesehen von den Potreros, Bananen, Mais und Yucca (Manihot) gepflanzt waren, gab mir eine recht gute Vorstellung von der Zusammensetzung des prachtvollen Bergwaldes. Er war reich an Cedro *(Cedrela)*, bestand aber in der Hauptsache aus den hohen «Mameicillo», einer Lorbeerart mit eichelartigen, roten und schwarzen Früchten. Überall, im Walde selbst und auf den Lichtungen, war der erstaunliche Reichtum an Palmen eines der hervorstechendsten Merkmale.

Vor allem wünschte ich, dem Indianerdorf **San Andrés**, das in der Luftlinie knapp zwei Kilometer – ich konnte die Menschen vor den Häusern mit bloßem Auge erkennen – von San José entfernt lag, einen Besuch abzustatten. Dazu mußten wir erst wieder auf den Filo hinaufklettern, den wir nach der Finca abwärtssteigend verlassen hatten. Der Weg, ein typischer Indianerpfad, vielleicht so alt wie die Besiedlung der Sierra Nevada durch Menschen, folgte ziemlich genau der Mitte des Filos [Pfad], ein ewiges Auf und Ab, und wechselte ebenso oft die Richtung wie dieser. So steil auch die Hänge des Filos waren, so selten gab doch der Urwald durch irgendeine Lücke den Blick in die

Tiefe frei. Endlich – wir waren drei Stunden auf und ab geklettert – lichtete sich der Wald und wir sahen links von uns das Indianerdorf liegen. Es lag auf einer tafelartig erweiterten Abzweigung des Grates – auf dem wir gekommen –, deren ebene Fläche knapp ein Hektar umfaßte. Die Indianer schienen sich tatsächlich den geeignetsten Platz für ihr Dorf ausgesucht zu haben; denn weit und breit gab es offenbar keinen nur annähernd gleich geeigneten. Um das etwas höhere Haus des Mama, des Medizinmannes, waren die anderen Hütten herumgruppiert. Alle diese sauber und gefällig aussehenden Bauten hatten einen kreisrunden Grundriß. Das kegelförmige Dach war mit den Wedeln des Rabo de Gallo gedeckt. Der mich begleitende Ijca-Indianer Eugenio konnte sich, wie er behauptete, nicht mit den Bewohnern verständigen. Von ihnen waren zunächst nur wenige im Orte anwesend. Es ist sehr wahrscheinlich, daß die Bewohner von San Andrés verschiedenen Stämmen der allgemein unter dem Begriff Arhuaco zusammengefaßten Indianer des Gebirges angehören. Wie ich später erfuhr, wohnte in San Andrés sogar einer der einflußreichsten Ijca-Leute, Delfin Hizquierdo aus Sircayuca bei San Sebastián. Ich hatte den Eindruck, daß die Bewohner von San Andrés alles solche Indios waren, die, vor der «Zivilisation» fliehend, sich an diese schwerer zugängliche Stelle zurückgezogen hatten. Wenn nur die Hälfte von dem wahr ist, was ich über die zwischen den «Civilizados» und den armen Indianern – nach reichlicher Spendierung von Rum! – abgeschlossenen «Geschäfte» gehört habe, so kann man es den Indios nicht übelnehmen, wenn sie vor der «Zivilisation» Scheu haben und sich vor ihr so weit wie möglich zurückziehen. Wiederholt haben sich die Indianer über erlittene Übervorteilungen bei den Behörden in Santa Marta beschwert, aber mir ist kein Fall bekannt, in dem sie Recht bekommen hätten.

Leider verhielten sich die Indianer von San Andrés auf Grund ihrer mit den Weißen gemachten Erfahrungen auch mir gegenüber mißtrauisch und waren nicht dazu zu bewegen, sich von mir photographieren zu lassen. Das Dorf wurde nach und nach belebter, da die Indios von der Feldarbeit zurückkehrten, die Frauen die breiten Tragbänder ihrer Lasten vor der Stirn und beim Gehen, wie stets, mit einer Handarbeit beschäftigt. So hatten sich die Straßen allmählich mit Indianern, Männern, Frauen und Kindern in ihren malerischen Trachten gefüllt, aber mir war es nicht möglich, bei der Kürze der zur Verfügung stehenden Zeit, ein vertraulicheres Verhältnis mit ihnen anzubahnen. Immerhin war es mir vergönnt, einige der Hütten und besonders auch das Haus des Medizinmannes, ein kleines Museum der Arhuaco-Kultur, zu betreten, in welchem mir die große Sauberkeit und Ordnung vorteilhaft auffiel. Ein Ethnograph hätte sein helles Entzücken an dem Hausgerät gehabt. Zwei ältere Indios, darunter der, den ich für den Medizinmann hielt, schaukelten sich Koka kauend in ihrer Hängematte, machten aber nicht die geringsten Anstalten, mich zu unterstützen. Mit dem verbotenen Rum, wenn ich welchen bei mir gehabt hätte, wäre es vielleicht möglich gewesen, das Eis aufzutauen. So mußte ich denn unverrichteter Dinge nach San José zurückkehren. Dafür lieferte mir mein Ausflug nach San Andrés aber wenigstens einen recht interessanten Beitrag über die Verkehrsverhältnisse in diesem Teil des Gebirges. Mir wurde an einem kleinen Beispiel klar gemacht, wie groß in der Sierra Nevada die Unterschiede zwischen Luftlinie und tatsächlicher Wegstrecke sind. Ich hatte geglaubt, in einer halben Stunde von San José nach San Andrés kommen zu können, und fast einen ganzen Vormittag hatten wir für den Weg gebraucht. Für die augenblicklichen Verkehrsbedürfnisse ist eine solche Tatsache natürlich belanglos, sie gewinnt aber sofort eine andere Bedeutung, wenn man sich denkt, daß an beiden Punkten Mitglieder einer Siedlungsgenossenschaft wohnen, die gegenseitig aufeinander angewiesen sind. Denn, darüber muß man sich klar sein, daß in diesem Teil der Sierra Nevada an die Gründung einer geschlossenen Ortschaft von weißen Ansiedlern bei der ungeheuren Zerrissenheit des Gebirges nicht gedacht werden kann. Daran ändern auch die Illusionen solcher Leute nichts, die über die Unzugänglichkeit der Sierra Nevada durch die dichte, alles überziehende Walddecke getäuscht werden. Es wird sich hier bei einer Kolonisation immer nur um Einzelsiedlungen handeln können, die weit, durch unwegsames Gelände getrennt, auseinanderliegen. Der gewichtigste Einwand, der gegen eine Kolonisation erhoben werden kann, ist aber die Unmöglichkeit, die Produkte des Ackerbaus abzusetzen. Was hat der Siedler von den Absatzmöglichkeiten für seine Erzeugnisse zu erhoffen, wenn schon vom ersten Drittel des Zugangswegs leichtverderbliche Produkte die Kosten des Transports nach Santa Marta oder gar Barranquilla nicht lohnen? Es ist fast sicher, daß die Kartoffeln oder Zwiebeln oder Gemüse, die der Pflanzer in diesem schwer zugänglichen Gebirge baut, nicht mit den weit billigeren Produkten der gleichen Art in Wettbewerb treten können, welche die Fruchtdampfer schon heute von Nordamerika nach den columbianischen Häfen am Karibenmeer bringen.

Als ich meine erste kurze Expedition in die Bergwälder des Rio Frio zum Abschluß brachte, war ich wieder um einige Erfahrungen und Kenntnisse reicher. Ich hatte abermals eine Bestätigung für die längst gewonnene Erkenntnis erhalten – und meine zweite Reise bestärkte mich in meiner Anschauung –, daß der Naturfreund zwar in der Sierra Nevada in hohem Grade auf seine Rechnung kommt, daß aber für den praktischen Landwirt, der sich an realere Gesichtspunkte halten muß, dieses fast unzugängliche, schwer zu bewirtschaftende Hochgebirge – abgesehen von dem Teil, der in erreichbarer Nähe des Hafens von Santa Marta liegt – heute ebensowenig ein Feld der Betätigung sein kann wie zur Zeit der Conquista.

Das Verladen der Schiffe im Hafen von Santa Marta, um 1925

Mit Goleta und Automobil nach Villa Nueva

Zu Beginn des Jahres 1928 kündeten sich bei mir immer deutlicher die Einwirkungen jahrelanger schwerer Arbeit im tropischen Klima durch einen Zustand fast völliger Erschöpfung an, so daß mir der Arzt für längere Zeit einen Klimawechsel angeraten hatte. Da die Jahreszeit mit dem allzu starken Temperaturwechsel eine Europareise für mich nicht ratsam erscheinen ließ, blieb mir keine andere Möglichkeit als die, in dem wegen seines Klimas so sehr gepriesenen kalten Lande der nahen Sierra Nevada für längere Zeit meinen Aufenthalt zu nehmen. Ich hatte mich schon lange vorher mit ähnlichen Plänen getragen, aber meine Arbeiten waren fast durchweg solche, die mich an das heiße Tiefland fesselten. Vorstöße in so bedeutende Höhen wie die am Alto de San Lorenzo waren mir meist auch nur deshalb möglich, weil sie keinen weiten Anmarsch bedingten, keine allzu großen Kosten verursachten und zur Not während der Feiertage ausgeführt werden konnten. Es kam noch etwas anderes hinzu, das mich in der Ausführung meiner Reisepläne bestärkte: Die Notwendigkeit, mich über die Nutzpflanzen der Sierra Nevada zu unterrichten, hatte mich dazu geführt, jede sich bietende Gelegenheit zu botanischem Sammeln zu benutzen, eine Beschäftigung, die, soweit mir überhaupt Zeit dafür blieb, natürlich nur neben meinen anderen Arbeiten hergehen konnte. Prof. Diels, der Leiter des Botanischen Museums in Dahlem, das meine Sammlungen bearbeitete, hatte, wie er mir schrieb, von jeher besonderes Interesse für die Flora dieses fast ganz isolierten Hochgebirges gehabt und hatte mir seine botanische Erforschung sehr ans Herz gelegt. Ich war aber in der Sierra Nevada bisher noch nie, auch an der Horqueta, wo mein Vorstoß im Bambusdickicht steckengeblieben war, über 2400 m hinausgekommen. Mein Verhältnis zu den Vegetationsformationen der allerhöchsten Regionen war also bisher ein rein platonisches geblieben, und besonders vom Páramo des Hochgebirges konnte ich mir keine rechte Vorstellung machen. Nach den Angaben von Sievers mußte er in mancher Hinsicht vom Páramo der Anden stark abweichen. Auf größere Entfernungen hin aber war es, selbst mit Hilfe eines scharfen Fernglases, unmöglich, irgendeinen Anhalt über seinen Charakter zu gewinnen. Jetzt endlich sollte ich jene so selten betretenen Regionen kennenlernen. Urlaub hatte ich bereits bei dem für mich zuständigen Ministerium in Bogotá beantragt und erhalten, jetzt kam es nur noch darauf an, meine auf drei

Monate veranschlagte Expedition vorzubereiten und mich nach einem geeigneten Begleiter umzusehen. Einen solchen hatte ich bald in Juan Melendez, einem jungen Mann aus San José de Costarica, gefunden. Ich hatte ihn als Bedienten meines Hotels in Santa Marta kennengelernt, wo er mich schon wiederholt gebeten hatte, ihn als Begleiter mitzunehmen, falls ich einmal eine größere Expedition in die Sierra Nevada machen sollte. Er schien großes Interesse für Reisen zu haben und hatte im Drange, andere Länder kennenzulernen, als Steward schon Fahrten auf peruanischen Dampfern an der Pazifischen Küste gemacht, auch an Expeditionen auf den Irasú und Chiriquí in seiner zentralamerikanischen Heimat teilgenommen. Wie er mir erzählte, war es schon während seiner Schülerzeit die liebste Beschäftigung seiner Freistunden gewesen, in der Bibliothek von San José Reisewerke und naturwissenschaftliche Bücher zu lesen. Derartige Interessen schienen mir bei einem jungen Latino-Amerikaner etwas so Seltenes, daß ich beschloß, Juan Melendez mitzunehmen. Ich habe diesen Entschluß nicht zu bereuen gehabt und sah bald, daß ich mir keinen geeigneteren Begleiter hätte aussuchen können.

In **Rio Hacha** traf ich noch am Tage unserer Abreise, dem Samstag vor Karneval, den deutschen Kaufmann Oltmann aus Barranquilla, der von seinen Geschäftsreisen her die Ortschaften im Osten der Sierra Nevada gut zu kennen schien und mir auch das Hôtel von Doña Margot Nieto empfahl, in dem ich während meines Aufenthalts in **Villa Nueva** wohnen könne. Um 1 Uhr war endlich das inzwischen besorgte leistungsfähige Lastautomobil zur Stelle. Schnell waren unsere Lasten verstaut, und die Fahrt konnte losgehen, nachdem sich noch der schwarze Führer des Wagens und sein Assistent mit dem für solche Gelegenheiten nötigsten Requisit, einer großen Flasche Rum, versorgt hatten. Zunächst ging es in schneller Fahrt auf recht guter Straße durch völlig flaches, sandiges Gelände mit ödem Dornbusch, ähnlich dem der Umgebung von Santa Marta. An vielen Stellen war aber an dem in großen Rissen aufgesprungenen dunklen Alluvialboden und dichterer Buschvegetation zu erkennen, daß zur Regenzeit flache Wasserläufe und Tümpel das Einerlei unterbrachen. Einzelne große Caracolí-Bäume deuteten darauf hin, daß in etwas größerer Tiefe sogar noch Grundwasser vorhanden sein müßte. Auch die «Tara»-Palme *(Copernicia)* und die «Curua» standen an solchen Stellen in stattlichen Exemplaren. Nach und nach hob sich über den dürftigen Busch ein bewaldeter Höhenzug von etwa

400 m Höhe, die «Sierra falsa», heraus, der letzte nordöstlichste Ausläufer der Sierra Nevada. Hier wurde die Waldvegetation, die anscheinend nach oben in richtigen Regenwald überging, üppiger. Soweit ich bei der schnellen Fahrt beurteilen konnte, hatte sie Ähnlichkeit mit dem halbxerophilen Wald bei Aracataca und Fundación, doch fehlte der Macondo völlig. Bei einem kurzen Aufenthalt, den eine Ausbesserung am Wagen nötig machte, fand ich sogar in großen Exemplaren eine besonders charakteristische Pflanze des Südwesthangs, die *Beloperone bracteosa,* wieder. Die von den Ausläufern der Sierra Nevada kommenden Wasserläufe in dem – für dieses Gebiet charakteristischen – Kalkgestein führten alle noch Wasser. Hier zeigte sich die günstige Einwirkung des Waldes auf die Wasserführung der Bäche, trotz der Trockenheit des Klimas. Der Wald auf den niedrigen Höhenzügen war, soweit ich sehen konnte, noch überall in seiner ursprünglichen Form erhalten. In diesem Falle hatte vielleicht die Furcht vor den Goajiro-Indianern günstig auf die Erhaltung der Wälder gewirkt; denn hätten hier größere Siedlungen bestanden, so würden wohl die Wälder und mit ihnen das Wasser in den Bachläufen längst verschwunden sein. Als wir uns der Häusergruppe «**El Hato**» näherten, hörte dann tatsächlich die Wasserführung in den Bächen auf. Hier begann auch wieder der öde dürre Buschwald mit Divi-Divi [Johannisbrotgewächs], hohem *Cereus* und dicken Kugelkakteen, zwischen denen magere Rinder nach den spärlichen Kräutern suchten. Eigentümlicherweise erschienen auf den Bäumen viele epiphytische Orchideen, die aber zur Zeit nicht blühten.

Die schöne Automobilstraße hörte schon vor El Hato auf, und die Fahrt ging weiter auf dem alten «Camino Real», der zunächst zwar noch eben blieb, aber durch die vielen Windungen, die er machte, durch die Dornbäume und Sträucher, die ihn einengten, und durch große Steine, die überall an der Erdoberfläche verstreut lagen, nicht geringe Anforderungen an die Geschicklichkeit des Autolenkers stellte. In dieser sterilen Landschaft passierten wir die Orte Popayal und **Barranca**. Dieser Platz hatte vielleicht einstmals bessere Zeiten gesehen. Seine alte, rosa getünchte turmlose Kirche, ein Überbleibsel aus der ersten Zeit der spanischen Kolonialherrschaft, deutete durch den Gegensatz zu den ärmlichen Hütten auf Verfall hin. Es lag eine melancholische Stimmung über diesem abendlichen Bilde. Ganz im Hintergrunde durch den Dunst der heißen Ebene, weit im Osten, grüßte zum ersten Male die blaue Cordillera de los Andes herüber.

Als wir Barranca verließen, war es bereits dämmerig, und die Nacht kam schnell heran. Die Wege wurden auch holpriger und kreuzten alle Augenblicke eine der zahlreichen trockenen Rinnen, die zum Rio Rancheria verliefen. Das breite, nur wenig Wasser führende Bett dieses Flusses querten wir kurze Zeit darauf. Im blendenden Lichtkegel unserer Lampen nahmen die krüppeligen Bäume des Dornbusches abenteuerliche Formen an. Opossums und Füchse, die über den Weg schnürten, machten, vom Lichte geblendet, für Augenblicke halt; ihre Augen leuchteten phosphoreszierend durch die Nacht. Die nun etwas dichter gedrängten Ortschaften passierten wir alle bei völliger Dunkelheit. Ich hätte diese Plätze, die während der Kolonialzeit eine bedeutendere Rolle gespielt hatten als heute, gerne im Tageslicht gesehen, um mir eine Vorstellung von ihnen und der umgebenden Landschaft machen zu können. Es war bereits 7 Uhr, als wir durch **Fonseca** fuhren, wo wir uns mit neuem Benzinvorrat versahen. Dann kamen wir durch **San Juan de Cesar**, wo ich an einen der Honoratioren des Ortes, Dr. Ariza, ein Empfehlungsschreiben abzugeben hatte und einen alten Bekannten, Dr. Tovar-Daza aus Santa Marta, begrüßte, dessen Familie schon seit Generationen am Ostfuße der Sierra Nevada ansässig ist. Ich hatte zuerst noch den Plan erwogen, mit Unterstützung dieser Herren, die mich sehr liebenswürdig aufnahmen, von einem dieser Plätze aus in das Gebirge vorzudringen, mußte ihn aber bald fallenlassen, weil er mit viel zu großen Opfern an Geld und Zeit verbunden war und mir nicht das versprach wie der Weg über San Sebastian.

In **Molino**, einem kleinen Ort, durch den wir dann hindurchmußten, hatte der Karneval die ganze Bewohnerschaft, Creolen und Mulatten, in einem wirbelnden Durcheinander auf der Straße versammelt. Beim roten, qualmenden Schein der Fackeln, in einer phantastischen Beleuchtung, gaben sich Männer und Weiber, über und über besudelt mit Anilinfarben, mit Leidenschaftlichkeit der Cumbiamba hin, diesem echt afrikanischen Tanz, der offenbar zugleich mit den eingeführten Negersklaven importiert wurde und im Wechsel der Zeiten derselbe geblieben ist. Die betrunkenen Zuschauer rasten vor Begeisterung und spendeten lärmenden Beifall. Eine dicke Atmosphäre, gemischt aus Staub, Rauch und dem Duft von Schweiß und schlechtem Fusel, lagerte über dieser lärmenden Festversammlung, durch die wir uns mit dem Auto unseren Weg zu bahnen hatten. Dabei konnte es nicht ausbleiben, daß einige betrunkene Burschen unser Fahrzeug zum Halten brachten und mit glasigen Augen, duftend nach Rum, ihre Köpfe in das Auto hineinsteckten, um sich den «Mister» anzusehen, der da in ihren Karnevalstrubel hineingeschneit kam. Die Situation sah zunächst etwas bedenklich aus; es gelang uns aber, mit der in solchen Fällen unerläßlichen Extradosis Ruhe, aus diesem Trubel herauszukommen und ungefährdet die Fahrt fortzusetzen.

Spät in der Nacht, es war schon 11 Uhr, hielten wir in Villa Nueva vor dem «Hôtel», das mir mein Landsmann in Rio Hacha empfohlen hatte. Der Autolenker ließ vor den Toren die Hupe ertönen, aber niemand meldete sich. Das Haus war verschlossen. Doña Margot war abwesend und mußte erst gesucht werden. Sie hatte, wie wir erfuhren, mit ihren Töchtern einen der zahlreichen «Bailes» [Bälle] besucht, die jetzt zur Karnevalszeit an der Tagesordnung waren. Nach einer halben Stunde erschien dann die Dame des Hauses, eine bejahrte Mulattin, mit ihren Sprößlingen, und wir konnten uns in einem der vorhandenen beiden Räume häuslich einrichten. Hätte ich allerdings geahnt, daß das «Hôtel» von Señora Nieto am kommenden Sonntag einer der Brennpunkte des Karnevals sein würde, so hätte ich mich anderswo einquartiert.

Am folgenden Morgen war es mein erstes, mich in Villa Nueva nach einer Reisegelegenheit umzusehen, denn mir lag daran, so schnell wie möglich vorwärtszukommen und keinen Tag von meiner kostbaren Zeit zu verlieren. Außerdem waren der Ort und seine Umgebung, obschon das Klima als relativ gesund gilt, nicht so verlockend, daß ich länger als unbedingt nötig dort hätte bleiben mögen, zumal in Anbetracht des Karnevals. Villa Nueva liegt weit ausgedehnt in einer dürren, reizlosen Buschlandschaft. Die Sierra Nevada im Westen und Südwesten verschwand fast völlig im Dunste der Trockenzeit, dagegen bot die nahe Ostkordillere mit dem pittoresken, etwa 3000 m hohen Cerro Pintado wundervolle Ausblicke. Der in Villa Nueva ansässige Don José Manuel Martinez, an den ich ein Empfehlungsschreiben von Santa Marta mitgebracht, erzählte mir von einer Expedition nach diesem schwer zugänglichen Teil der Anden, die einige Einwohner von Villa Nueva für die nächsten Tage geplant hätten, und fragte mich, ob ich mich daran beteiligen wollte. Ich mußte diesen Vorschlag zu meinem großen Bedauern ablehnen, da ich für eine solche Expedition von meiner knapp bemessenen Zeit, die schon für die Sierra Nevada fast zu kurz war, mehr als eine Woche hätte opfern müssen. Mit Don José Manuels Hilfe war es mir aber möglich, Mulas aufzutreiben, mit denen wir, schon am nächsten Tage, über **Valle de Upar** direkt nach **San Sebastián** reisen könnten. Das war ein großer Gewinn, obwohl der für diese Recua geforderte Preis geradezu horrend war.

Im Dorfe traf ich zu meiner Überraschung eine deutsche Landsmännin, eine sympathische junge Frankfurterin, die sich in Villa Nueva mit einem Österreicher verheiratet, nachdem ihr erster Gatte dem Fieberklima der Ebene westlich von Fundación zum Opfer gefallen war. Nach ihren Erzählungen mußte sie nach dem Tode ihres Mannes ein wahres Martyrium durchgemacht haben, ehe sie ihre zweite Heirat aus ihrer schlimmen Lage befreit hatte. Mit ihrem ersten Gatten war sie vier Jahre vorher in Gesellschaft anderer Deutscher, auf die ich später noch traf, nach Columbien ausgewandert. Der Mann, bis dahin Beamter in ihrer Heimatstadt, hatte sich mit den Verhältnissen im Deutschland der Nachkriegszeit nicht abfinden können und sich, in idealer Schwärmerei, vom ungebundenen Leben in den Tropen alles erhoffend, der Auswanderergesellschaft angeschlossen. Er ahnte gleich seinen Gefährten nichts davon, wie schrecklich nüchtern, aufreibend, entsagungsreich und hoffnungslos sich im Departamento Magdalena das Leben für den gestaltet, der ohne sichere Stellung die alte Heimat hinter sich ließ. Wochenlang pilgerten die Auswanderer, durch die Versprechungen ihres Führers getäuscht, durch die mörderische heiße Fieberebene im Süden der Sierra, um von Fundación in das Land der Verheißung zu kommen, schutzlos den Angriffen der blutdürstigen Moskitos ausgesetzt. Der Frankfurter war das erste Opfer dieses Fiaskos. Er blieb nach Streitigkeiten mit dem Führer mit Frau und Töchterchen krank in der Ebene zurück, während die anderen Kolonisten weiterzogen. Als ihn in Maria Angola der Tod von Fieberqualen und Enttäuschungen erlöste, irrte seine Witwe rat- und planlos mit ihrem Kinde durch die Ebene, keines Wortes der Landessprache mächtig, der Freundlichkeit der Bewohner vertrauend. Nur wer die Verhältnisse im Departamento Magdalena kennt, vermag das Furchtbare dieser Lage zu ermessen. Nach mancherlei Irrfahrten kam die Witwe dann nach Villa Nueva, wo sie eine Familie fand, die sich ihrer dann in großherziger Weise annahm. Hier traf sie dann auch mit dem tatkräftigen, praktischen jungen Menschen zusammen – ich lernte ihn später persönlich kennen –, der sie zu seiner Frau machte. In Villa Nueva stellten sich mir noch zwei ältere Mulattinnen als die Töchter eines Deutschen vor, der schon zu Sievers' Zeiten, also vor mehr als vierzig Jahren, im Orte ansässig gewesen und, als er vor drei Jahren gestorben war, seinen Kindern von seinem Deutschtum nichts als den Namen vererbt hatte.

Draußen, weit von dem Dorfe, genoß ich dann noch einen herrlichen Sonnenuntergang, der die gewaltige Masse des geheimnisvollen Gerro Pintado in wundervolle Farben tauchte. Fast bedauerte ich, daß ich die mir gebotene Gelegenheit ausgeschlagen hatte, diese Bergwelt kennenzulernen. Aber dann dachte ich an die Páramos und die Schneeberge der Sierra Nevada, denen ich morgen schon näher kommen sollte.

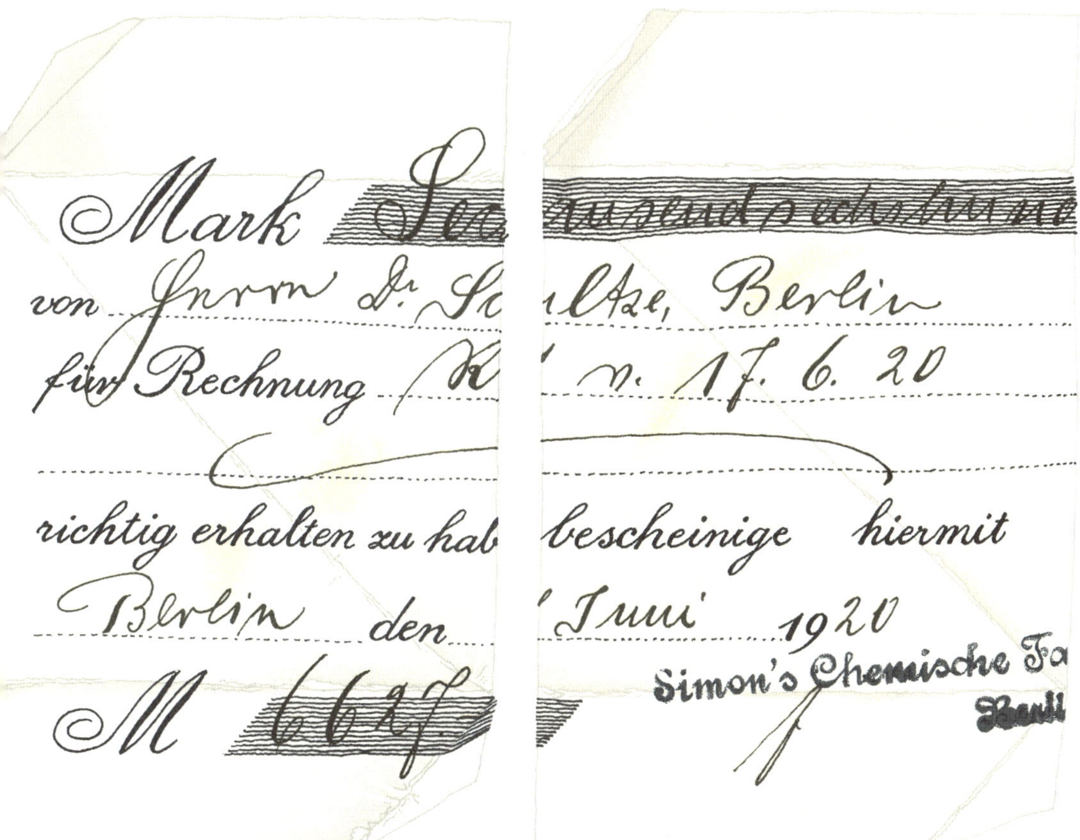

Mark Sec ausend sechshun
von Herrn Dr. Sc ltze, Berlin
für Rechnung (K v. 17. 6. 20
richtig erhalten zu hab bescheinige hiermit
Berlin den Juni 1920
Simon's Chemische Fa
Berli
M 6627.-

Über Valle de Upar nach San Sebastián

Es war wohl mit auf den Karneval zurückzuführen, daß die tags zuvor bestellten Mulas am Montag statt um 7 erst nach 10 Uhr vor meiner Posada erschienen. Der Arriero, der mich bis nach **San Sebastián** begleiten sollte, behauptete, er hätte große Schwierigkeiten gehabt, die Tiere einzufangen. Bis dann die Carga-Mulas glücklich beladen waren, wurde es 11 Uhr, so daß wir mit unserem Ritt gerade in die heißeste Tageszeit hineinkamen. Da der Arriero und der Junge, den er sich als Gehilfen mitgenommen, auch beritten waren, so konnte unsere Recua traben und wir kamen außerordentlich schnell vorwärts. Aber es war ein sehr anstrengender Ritt in der lähmenden Glut durch diesen dürren schattenlosen, doch in seiner Art großartigen, Dornbusch. Es klingt fast paradox, aber dieser dürre Akazienbusch war die an epiphytischen Orchideen, der Individuenmenge nach, reichste Gegend, die ich bis dahin in Columbien gesehen hatte. Es muß in der Tat ein einzigartiger Genuß sein, zur Blütezeit der Orchideen stundenlang durch diesen Busch zu reiten, denn die Blüten der *Encyclia* gehören zu den ansehnlicheren und verbreiten, allerdings nur während der Vormittagsstunden, einen wundervollen starken Wohlgeruch. Dieser Busch ging an vielen Stellen, besonders in der Nähe der ausgetrockneten Bachbetten, in prachtvollen Hochwald vom Charakter des Trockenwaldes über, in dem der Carreto vorherrschte, eine ganz rätselhafte Baumart, deren Holz sehr geschätzt wird, deren Artzugehörigkeit aber nicht festzustellen war, weil ich weder blühendes Material noch Früchte auftreiben konnte. Zu den Wasserläufen mit völlig ausgetrockneten Betten gehörte auch der Rio Cesar, den wir bald nach Mittag kreuzten. Nicht einmal an den tiefsten Stellen seines Bettes waren Spuren von Wasser anzutreffen. Das war also derselbe Rio Cesar, der früher eine so wichtige Rolle als Verkehrsweg im Staate Magdalena gespielt hatte! Fließendes Wasser beginnt in diesem Fluß heute während der Trockenzeit erst weiter stromabwärts. Es entstammt seinen Zuflüssen, von denen wir zwei, den Rio Badillo und den Guatapurí, noch am selben Tage überschritten. In diesen beiden Flüssen rauschten reichliche Mengen schönen klaren Wassers zu Tal. Demgegenüber fällt die völlige Wasserlosigkeit des Rio Cesar selbst doppelt auf. Sie ist aber nicht wunderbar, wenn man sie mit der Menge der Ortschaften und Ranchos in Zusammenhang bringt, die gerade im Einzugsgebiete des Flusses liegen. Hier haben die Creolen mit dem Walde fast restlos aufgeräumt und damit zur Austrocknung und Verarmung der Gegend beigetragen. Vielleicht ist sogar der Rückgang von **Valle de Upar**, der erst neuerdings zum Stillstand kommt, damit in Zusammenhang zu bringen. Dieser Schluß liegt wenigstens nahe, wenn man die entsetzliche Kahlheit des Südhanges der Sierra Nevada sieht. Die nächste Umgebung von Valle de Upar machte allerdings auch jetzt während der Trockenzeit einen frischen Eindruck. Es ist eine Oase mitten im dürren Buschwalde. Ein vielverzweigtes Netz von Kanälen, die vom Rio Guatapurí kommen, bewässert die Pflanzungen und die sattgrünen Potreros, auf denen die Rinder fette Weide finden. Die letzte Viertelstunde vor unserem Eintreffen in Valle de Upar trabten wir im tiefen Schatten einer prächtigen Allee von hohen Caracolí-Bäumen und empfanden das als wahre Wohltat nach dem langen Marsch durch den fast schattenlosen, sonnendurchglühten Busch. Dann labten sich unsere Mulas in den klaren Fluten des Flusses und trotteten durch die Straßen der alten Conquistadorengründung.

Wenn man den Verfall der alten Bauten aus der Kolonialzeit sieht, begreift man, was Valle de Upar vor 400 Jahren bedeutet haben mag. In der jüngsten Zeit scheint sich allmählich ein neuer Aufschwung vorzubereiten, denn auch dieser Ort hat teil an der Wiederbelebung des Handels, die der Bananenindustrie in Santa Marta zu danken ist. Auch die entfernteren Plätze im Süden und Osten der Sierra Nevada sind der Küste durch die Santa-Marta-Bahn, besonders aber durch den beginnenden Automobilverkehr, erheblich näher gerückt. Das Kraftfahrzeug hat sich, trotz der oft über alle Begriffe miserablen Wege, auch hier als der Sieger über die Mula- und Eselkarawanen erwiesen, weil es ungeachtet aller Hindernisse und Pannen die langen Durststrecken schneller überwindet. Der Ausbau des Weges in der Ebene, besonders aber der Bau von Brücken oder Wagenfähren über die Flüsse, würde diesen Aufstieg noch beschleunigen.

Am folgenden Morgen trabten wir zwischen den alten Häusern von Valle de Upar nach Westen in den fast laublosen Trockenwald hinein, durch dessen ermüdendes Einerlei unsere Mulas nun stundenlang in derselben Richtung weitertrotteten. Die xerophilen Bäume, die diesem Walde das Gepräge gaben, waren fast durchweg die nämlichen, die ich schon aus der Umgebung von Santa Marta kannte; doch schien dieser Trockenwald noch ganz unberührt zu sein. Er zeichnete sich durch riesige Exemplare des sonderbaren Volandero *(Gyrocarpus)* aus, dessen bronzeglänzende Stämme und Äste dem Walde etwas Starres, Totes gaben. Das Marschieren auf dem steinigen, schattenlosen Pfade, den kein Luftzug erreichte, hatte etwas furchtbar Ermüdendes. Monoton klapperten die Schlösser an den Blechkoffern und die Hufeisen der Tiere auf den Steinen. Ab und zu klangen dazwischen die Flüche des Arrieros, wenn eine der Mulas stehenblieb und an dem halbverdorrten Krautwuchs am Wege ihren Hunger zu stillen versuchte. Sonst herrschte Totenstille in diesem Walde; die Tierwelt schien ihn zu meiden. Die einzige Ausnahme machten die munteren possierlichen Trupiale *(Icterus)* mit schwarzem und orangegelbem Gefieder, die zuweilen durch die Dornbüsche schlüpften. Ihre retortenförmigen Nester hatten sie geschickt in das stachlige Gezweig der «Cachitos», der Kuhhorn-Akazien *(Acacia spadicigera)*, verflochten, ein Platz, an dem ihre Brut vor Nachstellungen einigermaßen sicher ist, nicht wegen der mächtigen scharfen Dornen der Akazie, sondern wegen der bissigen Ameisen, die in den hohlen Dornen leben und kein Lebewesen außer den Trupialen an ihren Wohnbaum heranlassen. Nur in einigen der Wildbäche, die wir querten, fanden wir noch fließendes Wasser, das von irgendeinem Waldrest an den kahlen Hängen weiter oben herunterkommen mochte, um schließlich von der ausgedörrten Ebene aufgesaugt zu werden. Wir nahmen jede solcher Gelegenheiten wahr, unseren Durst zu stillen, Menschen und Tiere.

Um der einschläfernden Wirkung des Rittes durch diesen heißen Wald entgegenzuarbeiten, begann ich an den numerierten Pfählen der Telegraphenlinie, die dem Wege folgt, die Kilometer abzuzählen, aber diese ermüdende Monotonie schien kein Ende nehmen zu wollen. Es war 3 Uhr nachmittags, als wir vom Wege nach rechts abbogen und damit die Ebene verließen. Auf merklich ansteigendem Geröllboden, über den mächtige gerundete Urgesteinsblöcke zerstreut lagen, ging es nun aufwärts dem Gebirge zu. Auf weiten Strecken behielt die Landschaft ihren trockenen, trostlosen Charakter bei. Die Vegetation bestand fast ausschließlich aus Chaparro *(Curatella americana)* und einer *Byrsonima*, niedrigen, krüppeligen Eichen nicht unähnlich. Dazwischen aber begann da und dort schon die Pflanzenwelt des unteren Bergwaldes sich mit den Chaparrales zu mischen. Es waren arme, angekohlte Bäume und Sträucher, die Überbleibsel früher vielleicht stattlichen Waldes, die der Vernichtung durch Axt und Feuer noch widerstanden hatten. Wie riesige schwarze Tintenkleckse lagen die Flächen, auf denen die Buschfeuer gewütet, über der Landschaft. Wir waren nunmehr in dem Gebiete, in dem die Waldverwüstung größten Stiles begann und mit ihr die

Austrocknung des Gebirges. Endlich am Spätnachmittag nahm uns wieder primärer Wald in seinen Schatten auf. Es war freilich auch nur der letzte Rest der früheren ausgedehnten Walddecke, die ehemals die felsigen Hänge überzogen haben mochte. Mit Genugtuung begrüßte ich hier unter den ganz Großen des Waldes einen lange vermißten alten Bekannten, den Macondo, der hier die Ostgrenze seines eng umrissenen Verbreitungsgebietes erreicht. Ringsum war diese Waldinsel von einer ausgedehnten Zone der Zerstörung eingeschlossen. Von den Laubmassen dieses Waldrestes beschattet, rieselt in seinem Felsbett ein kristallklarer Bach. Hier lag El Descanso, eine Gruppe halbverfallener Hütten am Wege und gleich dahinter am Rande der Waldinsel Tamaco, ein ärmlicher, schmutziger Rancho, in dem zwei alte, wenig appetitliche, mit Carate behaftete Negerinnen hausten. Hier machten wir – es war inzwischen 5 Uhr geworden – Rast, da es unmöglich war, noch vor Hereinbruch der Nacht einen anderen Platz zu erreichen. So mußten wir uns unter dem Palmdache des Ranchos, so gut es ging, einrichten. Für den Arriero war nicht einmal der bescheidenste Bissen aufzutreiben, so daß ich ihm aus meinen eigenen, für Juan und mich berechneten Vorräten aushelfen mußte. Unter solchen Verhältnissen ist die Frage wohl berechtigt, welchen Zweck die Zerstörung des Waldes hat, wenn die ihn verdrängenden Kulturen nicht einmal in bescheidenster Weise zur Ernährung beitragen können. Ein Peon [Hilfsarbeiter] der beiden Negerinnen war bei unserer Ankunft gerade damit beschäftigt, ein weiteres Stück Waldes abzuholzen, womit er einer kleinen Quelle dicht beim Rancho den Schatten nahm. Als ich zwei Monate später, schon nach den ersten Regengüssen, hier, zurückkehrend, wieder durchkam, war der Quell versiegt.

Aus den Kronen der Bäume tönte das Gekrächz der Aras. Ich hatte diese mir so vertrauten Laute lange nicht mehr gehört. Es waren aber nicht meine alten Freunde aus dem Macondowalde der Ebene, die blauen Guacamayas und die roten Gonzalos, die uns da begrüßten, sondern die Aras des Bergwaldes, herrliche Vögel mit einer sehr aparten Farbenzusammenstellung ihres Federkleides, smaragdgrün mit scharlachrotem Vorderkopf mit türkisblauem Rücken und purpurrotem Schweif. So hatte wenigstens der erste Marschtag im Gebirge einen freundlichen Ausklang und verscheuchte den Mißmut über die recht dürftige Unterkunft für diese Nacht.

Früh konnten wir den Weitermarsch antreten. Wir hatten dadurch den Vorteil, die steilen, langen Zickzackpfade an den kahlen, vor uns liegenden

Hängen wenigstens zum Teil hinter uns zu bringen, ehe die Sonne es gar zu gut meinte. Es war ein Gebiet, das überall die Spuren der unerhörtesten Waldverwüstung zeigte. Reste des Waldes waren noch hier und da in den tieferen Rissen der Hänge erhalten geblieben. Auch in der Nähe der wenig ertragreichen Kaffeepflanzungen, durch die unser Weg führte, hatte man noch da und dort einen Fetzen Waldes, an den Rändern regelmäßig von Buschfeuern angesengt, stehen lassen, freilich meist viel zu wenig, um die Bäche vor dem Versiegen zu schützen. Es waren die einzigen kurzen Strecken, auf denen wir die Annehmlichkeiten des Schattens genossen. Überall sah man die vollkommene Planlosigkeit der Rodungsarbeiten, das nirgends gehemmte Überhandnehmen der leichtfertig entfachten Busch- und Grasbrände, die schwarzen häßlichen Brandflecken an den kahlen dürren Hängen. Welch furchtbares Bild der Zerstörung und Trostlosigkeit! Links von unserem steil am verbrannten Hange hinaufkletternden Saumpfad fiel der Blick auf den schroffen, bis zu zweieinhalbtausend Meter aufragenden Teregunguruá, in dessen Waldbestände die Buschbrände sich auch bereits hineingefressen hatten, hoch an den steilen Hängen hinauf. Hier war die Waldzerstörung noch unverständlicher, noch zweckloser, weil diese Hänge sich nicht einmal als Weideflächen geeignet hätten. Noch am Vormittag überschritten wir bei 1200 m den Paß der Randkette, an deren kahlen Hängen wir am Morgen emporgeklommen waren, und näherten uns der Talebene, in der das Marschziel des Tages, **Pueblo Viejo**, liegt. Auch auf dieser Seite dasselbe Bild der Zerstörung, der nur noch kleine Waldparzellen standgehalten hatten. Unten rechts im Tal ein aufgegebenes Cafetal mit seinen Baulichkeiten, aufgegeben, weil man den Kaffeebäumen durch allzu gründliche Entwaldung Feuchtigkeit und Wasser genommen hatte. Kein Mensch macht sich darüber Kopfzerbrechen; denn sind ein paar hundert Hektar Waldlandes zerstört, der Boden ausgetrocknet und nicht mehr ertragsfähig, so kommt eine andere ebensogroße Fläche daran, und das Spiel von Waldzerstörung und Austrocknung beginnt von neuem. Daß damit dann nach und nach das Wasser in den Bächen verschwindet und Landwirtschaft und Viehzucht in der Ebene ruiniert werden, daran denkt niemand!

Rechts von unserem Pfade, weit im Hintergrunde, nach Norden gelegen und hoch über unserm Pfad, grüßte eine gewaltige, dunkle Kuppe herüber. Das war der berühmte **Inárua**, oft auch Chinchicuá genannt, mit seinen Regenwäldern, zu Sievers Zeiten der letzte große Urwald im südlichsten Teil

Las jóvenes y señoras padecen más en sus desarreglos mensuales por falta de hierro en la sangre. Nuxiñerro (pastillas) evitará padecimientos innecesarios y conservará su color y fuerzas. En las boticas.
Las Pastillas del Dr. Becker para los Riñones y Vejiga devuelven la salud a muchas personas diariamente. ¿Porqué no a Ud? Empiece a tomarlas hoy, De venta en las boticas.
GenePressler
FRANCIA
(Véase a la vuelta)

der Sierra Nevada. Wir werden noch sehen, wie es die Bewohner dieses Hochgebirges verstehen, auch damit fertig zu werden.

In einem der ersten Häuser der Mesa von Pueblo Viejo traf ich einen deutschen Landsmann, Herrn St., einen schlesischen Handwerker, der sich mit Frau und seinen kleinen Söhnen hier oben niedergelassen und festen Fuß gefasst hatte, nachdem er sich gleichfalls durch ein Siedlungsunternehmen recht zweifelhafter Art hatte verleiten lassen, der Heimat den Rücken zu kehren. Er war von all diesen in die Sierra Nevada verschlagenen deutschen Auswanderern, die ich näher kennenlernte, wohl der erste, dem es geglückt war, sich, gefördert durch Sparsamkeit, Nüchternheit, Fleiß und Intelligenz, eine unabhängige, einigermaßen gesicherte Position zu schaffen. In seinem Hause unterhielt er einen kleinen, gutgehenden Laden. Frau und Kinder gingen ihm dabei zur Hand. Von der Quinta St. sah ich zum ersten Male auf dieser Expedition zwei Spitzen der Schneeberge, die über vorgelagerte, kahle Felshöhen hinweg fern im Norden herüberglitzerten. Nach kurzem Aufenthalt bei meinem Landsmann machten wir uns dann auf die Suche nach Don Osvaldo Mestre, an den ich von Valle de Upar aus empfohlen worden war. Ich mußte, um ihn zu finden, die ganze Mesa bis zu ihrem westlichsten Punkte queren und konnte mir auf dieser fast halbstündigen Strecke einen Begriff von der Ausdehnung von Pueblo Viejo machen. Von Don Osvaldo, einem der sympathischsten Columbianer, die ich im Departamento Magdalena kennenlernte, wurden wir mit offenen Armen aufgenommen. Ich konnte mich hier zum ersten Male von einem Kenner dieses Teils der Sierra Nevada über wichtige Gesichtspunkte unterrichten lassen, deren Kenntnis für die kommenden Wochen für mich von größtem Nutzen war. Wir sprachen mancherlei über die Probleme der Sierra Nevada, und ich hörte dabei auch meine Beobachtungen über den verhängnisvollen Einfluß der Waldverwüstung auf Regenfälle und Quellbildung bestätigt.

Bei etwa 1500 m traten wir in die Urwälder am Rio Chinchicuá an ihrer unteren Grenze hinein. Ununterbrochen steigend, nahm ich nun all die Herrlichkeiten dieses Bergwaldes in mich auf. Hier hatte ich wieder die himmelhohen Bäume des Nebelwaldes in ihrer großen Mannigfaltigkeit, die zierlichen Baumfarne, die Überfülle der Lianen, die Zwergbambusdickichte; es war derselbe Wald, der mich am Alto de San Lorenzo so sehr entzückt hatte. Ich nahm mir jetzt schon vor, diesen Wundern einige Tage zu widmen, wenn auch nicht gleich, so doch wenigstens nach meiner Rückkehr aus den höchsten Regionen des Gebirges. Vorderhand lag mir daran, zunächst einmal diese kennenzulernen. Nachdem wir den eiskalten Rio Chinchicuá gequert hatten, kamen wir an den Resten eines Hauses vorbei, ehedem Eigentum eines deutschen Siedlers, der längst wieder diese Wälder verlassen hatte. Ich hatte aber schon in Pueblo Viejo gehört, daß noch ein anderer Deutscher als vollkommener Einsiedler in diesen Wäldern hausen solle, und nach allem, was man mir von ihm erzählte, schien er mir der Mann zu sein, dessen Unterstützung mir bei meiner botanischen Sammelarbeit hier oben von größtem Nutzen sein konnte.

Inzwischen waren wir auf eine große Waldlichtung herausgetreten, auf der hohe Adlerfarne und Brombeeren wucherten. Einzelne Kegelhütten am Waldrande zeigten uns, daß die Eingeborenen im Begriff waren, dieses Gebiet unter Kultur zu nehmen. Uns begegneten auf dem Pfade, stumm grüßend, Indianer, Männer, Frauen und Kinder, mit Lastochsen; die Männer, in ihrer würdevollen schönen Tracht und besonders ihren Mützen fast so aussehend wie die Gestalten auf den altassyrischen Reliefs, die Weiber mit der unvermeidlichen am Stirnband getragenen Last auf dem Rücken und der noch unvermeidlicheren Handarbeit in den Fingern. Es kam jetzt wieder in endlosen Serpentinen ein langer, ermüdender Anstieg zu der Kette, die uns noch von dem Tal von San Sebastián trennte. An den steilsten Hängen des Inárua, der rechts von uns über 3000 m aufragte, schien der Wald noch ganz unberührt zu sein. Durch die wogenden Nebel, die über ihm brauten, konnte ich deutlich die hohen, im Winde schwankenden Wachspalmen erkennen, hoch über den Kronen der anderen Waldbäume. Aber in den Teilen des Waldes, die näher dem Wege zu lagen, war überall das Werk der Zerstörung sichtbar, ragten die verkohlten Baumstümpfe aus dem hohen Adlerfarn. Hohe, gelbblühende Kompositen mit weißwolliger Unterseite ihrer Blätter breiteten über einzelne Stellen dieser neuen Lichtungen einen goldigen Schimmer. Die gelbgrünen Blattrosetten großer Bromeliaceen, die aber jetzt nicht blühten, leuchteten überall aus dem Graugrün oder Olivbraun der Kräuter und Sträucher oder von den grauen Steilwänden der Schluchten, welche die Hänge furchten. Ich vermißte auch hier den Reichtum an Erdorchideen, die oft in förmlichen Rasen an ähnlichen Stellen der Anden der Landschaft ihr Gepräge geben, die leuchtenden Fuchsien und die glänzend scharlachroten Begonien. Wohl aber traten nun in immer größerer Menge und Artenzahl die Gaultherien, heidelbeerähnliche Sträucher, und die Bejarien, die Andenrosen, auf. Gleich ihren Verwandten, den Alpenrosen, denen sie so sehr ähneln, waren diese Bejarien, dicht von rosaroten Blüten übersäte Büsche, ein unvergleichlicher Schmuck dieser hochgelegenen Regionen. Metallisch schimmernde Kolibris, weit bunter und glänzender als die Arten des heißen Landes, schwirrten in geschäftigem Treiben um die rosenroten Blüten. Die Bejarien hier waren aber nur kleine Exemplare; die höchsten von ihnen erreichten vielleicht Mannshöhe. Später sah ich sie als ansehnliche hohe Bäume des Bergwaldes wieder.

Je mehr wir uns dem vor uns liegenden, etwa 2300 m hohen Paß näherten, den wir nach dem Tal von San Sebastián zu überschreiten hatten, desto stickiger wurde die Luft durch beizenden Rauch, der von oben herunterkam und sich wie ein dünner bläulicher Schleier über die Hänge legte. Als ich auf der Paßhöhe angelangt war und in der Richtung des jenseitigen Hanges hinuntersah, glaubte ich einen schwarzen ausgebrannten Riesenkrater vor mir zu haben, einer der trostlosesten Anblicke, die mir auf meinen Reisen in Columbien geworden waren, und ich war in dieser Hinsicht, weiß Gott, an manches gewöhnt. In dieser ganzen Landschaft war, soweit der dichte Rauch überhaupt die Fernsicht freigab, alles verbrannt, die Schluchten und Hänge bis zu den höchsten Kuppen hinauf. Ein Gebiet, das zu durchwandern man einen Tag nötig gehabt hätte, ungezählte Geviertkilometer, vollständig ausgebrannt, von rechts nach links, von vorne bis in den fernsten Hintergrund! Eine einzige kleine Insel von dunkelgrünen dickblättrigen Sträuchern, Adlerfarn und Brombeerdickicht, auf feuchterer Stelle, durch die sich der Saumpfad vor uns in engen Schleifen hinabzog, waren noch erhalten geblieben. Diesem frischen grünen Busch wird das Feuer, das von unten an den Hängen heraufschwelte, nichts anhaben können, so dachte ich. Ich war vorher schon abgesessen, um auf dem steilen Anstieg die Beine der ermüdeten Mula etwas zu schonen, und daher hinter meinen Begleitern etwas zurückgeblieben. Die Flammen waren indessen näher gekommen, prasselten gegen den Saum der noch frischgebliebenen Buschinsel und ließen dicke Rauchwolken emporwirbeln. Plötzlich spürte ich die furchtbare Glut, die aus der Tiefe heraufkam, ganz nahe, ich sah, wie die Blätter sich bräunten, lange bevor sie die Flammen erreicht hatten. In diesem kritischen Augenblick bekam meine Mula – ich hatte Ähnliches schon auf früheren Reisen erlebt – einen Anfall von Halsstarrigkeit und wollte nicht mehr von der Stelle. Zurück konnte ich nicht mehr, hinter mir hatte das Feuer den Saumpfad bereits erreicht, und neben und vor mir fehlten nur noch wenige Schritte, dann waren auch hier die Flammen am Wege. Zu beiden Seiten des Pfades aber stand dichtes Gesträuch, das die Glut binnen Sekunden erreichen mußte. Mit Gedankenschnelle war ich aufgesessen, peitschte auf die Mula ein und brachte sie im letzten Moment in Galopp. Mit einigen Sprüngen waren wir aus dem Gefahrenbereich. Hinter mir prasselten die Flammen, knatterten wie Maschinengewehrfeuer, loderten haushoch im Gesträuch, sprangen auf die andere Seite des Weges über und eilten mit Windesschnelle am steilen Hange weiter hinauf. Die Buschinsel war ein einziges Flammenmeer, das dicke, lederige Laub und die rosaroten Blütenbüschel der Bejarien brannten wie Zunder; dicke Rauchwolken stiegen zum Himmel und lagerten über den Hängen – das Werk der Zerstörung in diesem Tal des Todes war vollendet. Gefahr war jetzt nicht mehr vorhanden, eine ähnliche Situation wie die eben erlebte war kaum mehr zu befürchten, denn was von grüner Vegetation bis dahin vorhanden, war nun restlos zerstört. Ich hatte jetzt Muße, meine Aufmerksamkeit den Einzelheiten dieses düsteren Bildes zuzuwenden. Die Landschaft ringsum war tatsächlich schwarz, fast sammetschwarz; einzig die Pfade, die sich im Laufe der Jahre das Vieh getreten und die kreuz und quer über die Rücken und Hänge zogen, hoben sich wie helle dünne Fäden von der Farbe der Trauer ab, wie Spinnwebe vom dunklen Hintergrund. Es war, als ob man über das ganze Tal einen riesigen schwarzen Sammetmantel gebreitet hätte, der an den Falten fadenscheinig geworden ist.

Wie ich später erfuhr, war dieses zerstörende Feuer, dessen Zeuge ich zufällig geworden, durch die Indianer angelegt worden. Es war nur eines von den ungezählten Feuern, die sich Jahr für Jahr ganz systematisch wiederholen, als das einzige, in dem System herrscht. Und wahrhaftig, die Indios hatten gründliche Arbeit verrichtet! Sie hatten die «Civilizados» im Geschäft des Waldverwüstens weit übertroffen, die Schüler ihre Meister. Wer will es ihnen aber verargen, wenn sie in dem, was ihnen ihre Unterdrücker Jahr für Jahr vormachen – genau wie beim Alkoholmißbrauch – schließlich das Alleinzweckmäßige sehen! Sie wissen ja nichts davon, daß die Vorfahren der Usurpatoren, die ihr Wirtschaftssystem von der Iberischen Halbinsel nach der Neuen Welt verpflanzten, durch ebendieses System die Hochländer ihrer spanischen Heimat mancherorts mit solcher Gründlichkeit in Wüsteneien verwandelt haben, daß es zweifelhaft ist, ob diese Schäden je wiedergutgemacht werden können. Der leitende Gedanke für die Indianer bei der

...der
...aus
...nster=
...andkammer
...u. Büromöbel.
...richtsvollzieher,
...Lichtenberg, Guntherstr. 9

Am Sonnabend, d. 18. November 1933, vormittags 10 Uhr, an Ort u. Stelle Lottumstraße 9
1 elektr. Wäscherolle mit Motor,
um 10½ Uhr Fehrbelliner Straße 8
Radiogerät, verschiedene Uhren,
um 11½ Uhr in der Pfandkammer Dirckſenſtraße 43/44
Smoking, Nähmaschinen, Bibliothekschrank, 2 Anzüge, Radioapparate, Klavier, div. Möbel.
Jaeschke, Ob.=Gerichtsvollzieher, Berlin=Tempelhof, Berliner Straße 160.

Nachlaßversteigerung.
Am 18. 11. 33, vorm. 10½ Uhr, werde ich in der Pfandkammer Berlin, Neue Schönhauser Str. 17, einen Posten Goldsachen, als gold. Damen= u. Herrenuhren, Halsketten u. Ringe, freiwillig meistb. geg. sofort. Barzahl. versteigern.
E. Oellerich, Versteigerer, Bln.=Schöneberg, Wartburgstr. 27.

Vermischtes

FLÜGEL Bechst., Blüthner, Steinw. **sucht** Barbar. 1924.

Schöne Frau
Willst Du Wäsche Feinste – fesche Dann eile fix Zum billigen Lix
LIX
FRIEDRICHSTR. 48

Homöopathie
Spez.-Beh. f. nervöse Krankh., Schwächezustände, innere Leid., 10—2, 4—7, Löser, Oranienburger Str. 84, nahe Bhf. Börse. *

Direkt vom Fabrikanten
Mäntel von 23.- M. an
Kleider von 10.- M. an
Maßanfertigung auch bei Stoffzugabe äußerst preiswert
Renk & Co.
Markgrafenstraße 1
Ecke Lindenstr.
— Christl. Haus!

Brillanten -Ankauf, Farbsteine Perlen, Gold, Silber, Allerhöchste Preise. —
Pfandscheine.
J. Lek, Kurfürstendamm 234 (an der Gedächtniskirche). J 1 Bismarck 2690

Aus unseren reinwollenen Stoffen
Mk. 58.-
bekannt guter Sitz.
Aus Ihrem Stoff mit unseren sämtlichen Zutaten konfektioniert
Mk. 34.-
„DIAMAND"
Schbg., Hauptstraße 162
Ecke Potsdamer Straße

Anzüge-Ulster
30.- 40.- 50.-
Uniformen 45.- an
Wegen Räumung des Lagers großer Posten wertvoll. Anzüge - Ulster Stück für Stück . . 25.-
M. H. Spengler. Schneidermeister
Alexanderplatz 1
Hochhaus Berolina. über Café Braun

Küchen direkt ab Fabrik
Oskar Springer G. m. b. H.
Bln.-Weißensee, Langhansstr. 64
E 6 Weiß. 2258. Annahme von Ehestands-Bedarfsdeckungsscheinen.

Teppich-Gelegenheiten
echter Ferraghan, 3,10—4,25, Mk. 235.-
echte Brücken von 40 Mk. an.
Teppich-Kunststopferei
Ia Refer. Kostenanschlag unverbindlich.*
Auch Ankauf aller Teppicharten.
Stückgold, Lützowstr. 68. B 1 Kurfürst 1426.

ÖFEN
Teilzahlung
SEMMLER & BLEYBERG - Dresdenerstr. 99

Leihhaus
Friedr.-Karl-Pl. 12
Charlbg., Ecke Magazinstr.
Höchste Beleihung jeder Wertsache.

DER KRON-zeuge kennt den Latz'schen Patent-Sattel Sybelstr. 44 und dort der Lord und **PRINZ**

Oefen
(Herde)
Zechlin
Alexanderplatz 42

Ankauf
Brillanten
Gold, Silber, Bruch
8 kar. p. Gr. bis 75 Pf.
14 „ „ „ 1.45 M.
18 „ „ „ 1.85 „
900er „ „ 2.40 „
800 er Silber 2—3 Pf.
Altes Silbergeld u. Doublé gesucht.
Juwelier
H. Wiese
Artilleriestraße 30
Passauer Straße 12
Kottbusser Damm 2.
Legitimation erfordl.

Arterienverkalkte

Eine der häufigst. Todesursach. u. dem 40. Lebensj. ist die Adernverkalkung. **Wie man dieser gefährlichen Krankheit vorbeugen u. weiteres Fortschreiten (Schlaganfall) verhindern kann,** sagt eine Broschüre von **Geheim. Med.-Rat Dr. med. H. Schroeder,** welche jed. auf Verlangen kostenlos u. portofrei durch **Robert Kühn, Berlin-Kaulsdorf 9,** zugesandt wird.

Orig. Oelgemälde
konkurrenzl. billig. Evtl. Zahlungserleicht.
Der Kunstkreis G. m. b. H.
Verkaufsstelle der deutschen Malergilde,
C 25, **Kurze Str. 17** u. **Spittelmarkt 8/10**
Ehebedarfsdeckungsscheine werden in Zahlung genommen.

...Groschen" auch ... mehr — nur 40 Pf. monatlich. Bestellungen in Buchhandlungen, Scherl-Filialen, bei der Post. Hören Sie kommende Woche nach de Rundfunk-Zeitschrift „Berlin hört und sieht", kurz genannt „Berlin für'n Groschen", und staunen Sie, was es noch alles zu sehen gibt. Heute neues Heft!

Zähne 1.25 u. 1.75 mit **Goldknopfstift 2.25 u. 2.75, Zähne ohne Gaumen v. 4.—** M. an. **Goldkrone** von 8.— M. an. **Auch Teilzahlung. Zahnziehen mit Betäubung. 2 Jahre weitgehende Garantie sind einkalkuliert. Bei Barzahlung 10 % Rabatt.**
Hatvani **Danziger Str. 1. — Zimmerstr. 86. Rosenthaler Str. 36,** unw. Hackesch. Markt. und **Oranienstraße 157.** unw. Moritzplatz

Offermann's Gallensteinkur „Okro"
wirkt bei Gallensteinleiden schnellstens. Gegen Schmerzen aller Art, wie Gicht, Rheuma, Nervenschmerzen.
„Okrol"-Einreibung Fl. 2,50 RM.
Zu haben in den Apotheken, wo nicht Nachw. durch Hersteller: **Carl Offermann G. m. b. H., Berlin W 35, Potsdamer Str. 56a.**
Prospekte kostenlos

Zur Blutreinigung
— gegen Stoffwechselstörung und Rheumatismus — trinkt
VULNERAL-TEE
Hersteller Apoth. P. Grundmann, Berlin W 30, Geisbergstr. 38
Pakete zu RM 0.91, 1.77, 3.19 — Bestandteile a.d. Packg. angegeben
Zu haben in allen Apotheken

Anlage der Busch- und Grasbrände – wenn sie sich überhaupt etwas dabei denken – mag die Annahme sein, daß sie die Weide verbesserten. Unter andern Verhältnissen und in andern Gegenden Columbiens mag das da und dort der Fall sein. In den hochgelegenen Gebieten der Sierra Nevada treffen diese Voraussetzungen aber nicht zu. Im Gegenteil, die Feuer vernichten die zarten Gräser und andern Kräuter, die für das Vieh während des ganzen Jahres Abwechslung bringen würden, und lassen nur die harten, in Bülten stehenden Gräser übrig, die zwar nach dem Einsetzen der ersten Regen für kurze Zeit zarte Blätter zwischen den verbrannten Stoppeln treiben, dann aber ein hartes, für das Vieh ungenießbares Futter werden.

Wir hielten nun scharf nach vorne Ausschau, ob wir in dieser Landschaft, die mir wie der Eingang zur Unterwelt zu sein schien, irgend etwas Freundliches entdeckten. Endlich tauchte ganz ferne in dem schwarzen Einerlei ein Stückchen grüner Wiesenfläche auf und darin vereinzelte runde Hütten mit grauen Kegeldächern. Das war das Tal von San Sebastián (Paúruba), das zu sehen ich mit so großer Spannung, fast Ungeduld, erwartet hatte. Unter solchen Betrachtungen hörte ich hinter mir flüchtiges Pferdegetrappel auf dem Gestein. Ein älterer Indianer parierte hart hinter uns sein schweißbedecktes Pferd aus schnellster Gangart – fast wäre er über den Hals des Tieres geflogen – und lallte irgendeinen mir unverständlichen Gruß in seiner Sprache mit einigen Brocken Spanisch. Ich merkte sofort, er war total betrunken. Dann, nachdem er sich an uns vorbeigedrängt, setzte er seinen Ritt fort und sauste im schnellsten Galopp den steilen Pfad hinunter, an Abgründen und steilen Abhängen entlang, bald nach rechts, bald nach links überhängend, wenn er eine Wegekrümmung nicht rechtzeitig erkannt hatte, aber er hielt sich im Sattel. Kein Zirkusreiter hätte in nüchternem Zustande diesen tollkühnen Ritt besser absolvieren können. Wir konnten den Betrunkenen noch lange Zeit mit den Augen verfolgen, bis er hinter einem Felsvorsprung verschwand. Wie ich später erfuhr, soll er nach dieser Steeplechase wohlbehalten in San Sebastián eingetroffen sein.

Allmählich verengte sich das Tal zu einer tiefen Schlucht, aus der das Rauschen eines Baches heraufdrang. Hier standen auch, hart am Bachufer, die ersten Bäume wieder, die wir seit Chinchicuá sahen. Bald darauf soffen unsere Mulas mit langen gierigen Zügen das klare Naß, und dann hatten wir die grüne Talebene des Rio San Sebastián vor uns (1990 m Mh), darin über dem Wiesengrunde das freundliche, ummauerte Indianerdorf, und hoch über allem, am südlichen Hange, die Kirche und übrigen Gebäude der Kapuzinermission von San Sebastián de Rábago.

Ich machte sofort dem Prior des Klosters, Padre Bernardo, meinen Besuch, einem hochgewachsenen Spanier – mit seinem blonden Vollbart eigentlich eine ganz germanische Erscheinung –, der mich herzlich begrüßte und für unser Unterkommen zu sorgen versprach.

Ich hatte nun genügend Zeit, mich in der Umgebung von San Sebastián umzusehen und mit Juan in den kleinen Waldresten des Tales zu botanisieren. In der wundervollen frischen Luft, die mir weit kühler schien als in gleich hohen Lagen der Ostkordillere, waren diese Exkursionen eine wirkliche Erholung. Unsere ergiebigsten Ausflüge führten über den Weg, der in östlicher Richtung auf die hohen Felskuppen des Mamon und Figuerosa zu dem Laufe des Rio San Sebastián folgte. Es war ein freundliches Wiesental, reich an wechselvollen Bildern, die in der klaren Gebirgsluft mit allen Einzelheiten wunderbar scharf heraustraten. Hier atmete alles Ruhe und Frieden. Ich hatte dergleichen gar nicht zu finden gehofft, nachdem wir vom Inárua nach Norden in den schrecklichen ausgebrannten Krater geblickt. Da gab es vieles zu sehen, das an die ferne Heimat erinnerte. Besonders anheimelnd waren die Herden langwolliger Schafe, die über die hellgrünen, leichtgewellten Weiden zogen. Die kleinen Einzelsiedlungen, in denen weißgekleidete Indianer aus und ein gingen, verliehen der Landschaft einen ganz besonderen Reiz. Eine meterhohe dicke Mauer aus großen Steinquadern, oval oder kreisrund, von größerem oder kleinerem Umfang, begrenzte die kleineren Anwesen. Die Mauern waren stark genug, die Rinder und die mageren schwarzen Schweine, die überall herumstreiften, von unerwünschten Besuchen abzuhalten. Innerhalb der Mauern standen, umgeben von Gartenanlagen, wie Bienenkörbe, die Hütten mit dicken Wänden und dem üblichen Kegeldach aus dicken Strohlagen, auf denen grünes Moos und graue Flechtenpolster wuchsen und auf hohes Alter der Bauten hinzudeuten schienen. Jeder dieser Steinwälle barg mehr Liebe, Fleiß, Ordnungs- und Heimatsinn, als ich in solch' elenden Nestern der «Civilizados» in der Ebene, wie etwa Barranca, bemerkt hatte. Mit größter Sorgfalt waren die kleinen Gärtchen gehalten, auf deren Miniaturbeeten all die Pflanzen, eine von der andern getrennt, gehegt wurden, die der Indio für seinen Bedarf pflanzt; Perico (eine Art von *Canna*), Arracacha, Kartoffeln, Zwiebeln, Kohl, Borretsch, Dill, Fenchel, ja sogar Lein; selbst Blumen waren dort zu sehen. Die größeren Gärten trugen auch hohe Kaffeebäume, die, bei künstlicher Bewässerung, reichlich Früchte angesetzt hatten. Ihnen dienten große *Ficus*-Bäume, Erythrinen mit feurig-roten Blüten, Guamos *(Inga)* und besonders die prächtige Manzana *(Lucuma obovata)* mit lederigen derben Blättern und mehligen, apfelgroßen Früchten als Schattenbäume. Diese Bäume waren meist vom Gerank der Granadilla *(Passiflora ligularis)* übersponnen, deren köstliche, aromatische Kugelfrüchte aus dem Laube glänzten. Die kastanienbraunen Blattunterseiten der Manzana gaben diesen kleinen Buschgruppen einen warmen, bräunlichen Ton, der überhaupt den kleinen Hainen und den noch vorhandenen Waldresten eigentümlich zu sein scheint. Nur in Paúruba selbst war *Eucalyptus* angepflanzt, dieser in den Hochanden so sehr beliebte Fremdling, mit dem man dort versucht hat, das Land aufzuforsten, mit dem Erfolg, daß man den an sich schon so trockenen Boden noch mehr ausgetrocknet hat.

Die Lebensmittel waren überhaupt in San Sebastián außerordentlich knapp, und wenn Juan und ich auch zuweilen bei den Vätern der Kapuzinermission zu Gast waren, so mußten wir doch froh sein, wenn wir, meist sehr spät von unsern Ausflügen zurückkehrend, im Hause der Familie R. allzeit einen gedeckten Tisch fanden. Die Luft von San Sebastián zehrte, und ich verspürte seit Jahren zum ersten Male wieder rechtschaffenen Hunger. Hätte ich vorher gewußt, daß in San Sebastián Lebensmittel so schwer zu beschaffen sind, so hätte ich mich von vornherein weit reichlicher mit Vorräten eingedeckt. Trotzdem ich von unserm knappen Proviant, der eigentlich für das Leben mit Zelt berechnet war, zur Tafel beitrug, war doch die Fürsorge, die uns unsere Gastfreunde angedeihen ließen, wirklich rührend und doppelt anzuerkennen, weil die Vorräte für die Familie selbst kaum langten. Die Schwierigkeit der Versorgung in San Sebastián ist eine nicht wegzuleugnende Tatsache. Sie kann aber kaum überraschen, denn die Ursachen liegen auf der Hand: Die genügsamen Indianer bauen nur so viel an, wie für den Unterhalt der eigenen Familie nötig ist. Die «Civilizados» in Paúruba rühren keinen Finger; sie verträumen rauchend und trinkend den Tag und leben vom Tauschhandel mit den stets übervorteilten Indianern, auf die sie, selbst meist Mulatten – um die Ironie voll zu machen –, mit unendlicher Verachtung herabsehen. Wie sich die «Geschäfte» mit den armen Indios abwickeln und welche verhängnisvolle Rolle dabei der Rum spielt – dessen Verkauf an die Indianer gesetzlich verboten ist –, ist allgemein bekannt. Es wird auch gar kein Geheimnis daraus gemacht. Die Kapuzinermission, die ernstlich das Wohl der Indianer im Auge hat, ist dagegen vollkommen machtlos. So sieht sich der «Civilizado» nicht veranlaßt, im Tal von San Sebastián irgend etwas anzubauen. Daß der Ackerbau hier sehr wohl möglich ist, hat die Mission bewiesen, die sich und die zahlreichen in ihrem «Orfelinato» erzogenen Indianerkinder mit dem ernähren, was ihnen die eigene Landwirtschaft bringt. Die Landwirtschaft erfordert aber im Tal von San Sebastián viele und anstrengende Arbeit, mehr als in irgendeinem andern Gebiete der Sierra Nevada, da zu allem andern die Felder durch Steinwälle geschützt werden müssen, um das Einbrechen der halbverwilderten Rinder und Schweine zu verhüten, wozu der so beliebte Stacheldraht nicht ausreicht. Hier zeigt es sich, wie wenig Segen die Einführung des europäischen Viehs bei den Indianern der Sierra Nevada gebracht hat. Dem Vieh zuliebe wurden die Wälder des Hochgebirges verwüstet, gegen das Vieh sind besondere und kostspielige Schutzmaßregeln für den Ackerbau nötig, und schließlich wurde das Vieh die Veranlassung zu den unsauberen Geschäften zwischen Indio und «Civilizado», die keineswegs dazu beigetragen haben, das gute Einvernehmen zwischen beiden Rassen zu fördern.

Unter solchen Verhältnissen ist es begreiflich, daß die Kapuzinermission von San Sebastián sehr gerne eine Besiedlung ihres Tales durch moralisch hochstehende und vor allem arbeitsame Einwanderer sehen würde. Es wäre an und für sich wohl in dem lang sich hinziehenden Tal von San Sebastián Platz für etwa fünfzig Siedlerfamilien, wenn auch die topographischen Verhältnisse dafür bei weitem nicht so günstig sind wie auf der Ebene von Pueblo Viejo. An eine geschlossene Ortschaft wäre dabei kaum zu denken; es würde auf Einzelsiedlungen herauskommen, bei deren Anlage die alten Rechte der Indianer nach Möglichkeit respektiert werden müßten und auch auf tunlichste Schonung der Wälder Rücksicht zu nehmen wäre. Dieser letzte Gesichtspunkt ist von größter Wichtigkeit, denn von ihm hängt die Wasserversorgung von Ackerbau und Viehzucht im Tieflande ab.

Auf jeden Fall würde eine kleine Kolonie von europäischen Siedlern an der Kapuzinermission einen starken Rückhalt haben und von dieser gut beraten werden. Was man von der Missionsarbeit und besonders der Erziehung der Indianerkinder durch die Padres, Brüder und Schwestern in San Sebastián de Rábago sieht, verdient höchstes Lob. Mag auch vom Standpunkte des Ethnographen zu bedauern sein, daß die alte schöne Tracht und vieles von den Sitten der Indianer verschwindet, so ist doch die Form, in der die Mission die Zivilisation vermittelt, ganz abgesehen von den ethischen Gesichtspunkten, zweifellos die beste und die einzige, welche vom Indianer die großen Gefahren dieser selben Zivilisation nach Möglichkeit fernhalten kann und sie vor der Unterdrückung durch die «Civilizados» bewahrt.

Wir hatten innerhalb von fünf Tagen trotz der Artenarmut der sekundären Wälder im Tal von San Sebastián doch eine ganz nette botanische Sammlung zusammengebracht, die wir allnächtlich im Backofen unseres Hauses trockneten. Inzwischen waren die Mulas und die drei Lastochsen, Eigentum der Mission, eingetroffen, die mir Padre Bernardo besorgt hatte. Herr R., der die höheren Regionen der Sierra Nevada noch nicht kannte, erbot sich, uns zu begleiten. Außerdem verpflichtete ich zwei jüngere Indios, Santiago und Modesto, die in der Mission erzogen worden waren, für die Dauer der Exkursion. So war alles vorbereitet für den Vorstoß in die höchsten Regionen der Sierra Nevada, dem ich mit so viel Spannung entgegengesehen hatte.

Nach der Schneekette

Am Morgen des 6. März [1928] verabschiedeten wir uns vor dem Tore von Paúruba von Padre Bernardo, nachdem wir unser Gepäck, Zelt, Koffer und Sammelausrüstung, auf den Lastochsen verstaut hatten. Außer den zwei Indios Santiago und Modesto, die unsere ständigen Begleiter sein sollten, schlossen sich uns am Morgen noch drei weitere an, die in den Bergen wilde Schweine jagen wollten. Zunächst marschierten wir im Tal des Rio San Sebastián ein Stück nach Westen, dann begann fast unvermittelt auf schmalem Zickzackpfade der ermüdende Anstieg über einen langen, mit verkohlten Grasbülten bedeckten Rücken, an dessen steilen Hängen das Vieh sich überall Pfade getreten hatte. Nur in tief eingerissenen, schmalen Schluchten waren noch Reste des ehemaligen Waldes zu erblicken. Nachdem wir um etwa 600 m gestiegen waren, grüßten uns die ersten Páramo-Pflanzen, niedrige, wacholderähnliche Hypericum-Sträucher, niedliche blaublühende Lippenblütler, im Aussehen den heimischen Heidekräutern recht ähnlich, und kleine Büsche von dunkelrot blühenden Andenrosen. Links vom Wege fiel hier der Hang steil zu dem bewaldeten Tal von Sircayuca ab. Aus dunklen Laubmassen ragten dort himmelhohe Wachspalmen, die nahe bis zu unserem Saumpfade heranreichten, wo sich der Wald in der Páramo-Vegetation verlor. Ganz unten im Tal lagen inmitten größerer Waldlichtungen Hütten der Indianer.

Es wäre fast unnatürlich gewesen, wenn nicht auch dieser Wald gebrannt hätte. Ich hatte schon lange vorher den Rauch von Buschfeuern bemerkt, die nun, bei unserer Annäherung, vom trockenen Laub der Zwergbambusdickichte genährt, in mächtigen Flammen aufloderten und selbst bis in die Kronen der Palmen reichten, an deren Stämmen das brennende Wachs herunterlief. Die Glut dieses Feuers, die wir fast bis zu unserm Saumpfad herauf spürten, war so furchtbar, daß, wie ich später bei einem Besuch des Tales von Sircayuca sah, die herrlichen Palmen fast alle zerstört worden waren. Dicke, dunkelgraue Rauchmassen wogten über dem verwüsteten Tal und mischten sich oben mit den über dem Paß liegenden Wolken, in die wir geradewegs hineinmarschierten. Breite, tiefschwarze Flächen zeigten den Weg, den das verheerende Element genommen hatte.

Die Wolken, die von Westen heraufjagten, hüllten uns jetzt in dichte graue Nebelmassen ein und erschwerten das Atmen. Wir konnten kaum zwei Schritte weit sehen, und es war ein recht unbehagliches Marschieren in der düsteren Stimmung, aber unsere Tiere fanden sich durch Moore und Steingeröll und niedriges, heidekrautartiges Gestrüpp zurecht. In einem Augenblick, in dem sich das Wolkenmeer etwas lichtete, kamen wir über eine steinige Fläche, auf der bis zu acht Meter hohe baumartige Andenrosen sich in reizvollen Umrissen von dem Weiß und Grau der Wolken abhoben. Es waren die einzigen höheren Pflanzen. Andere mochte wohl das Feuer zerstört haben. Wiederum ging es dann durch eine flache Talmulde, in der aus den tieferen Regionen die letzten Ausläufer des Waldes bis zu dieser bedeutenden Höhe, 3200 m, vorgedrungen waren. Hier herrschten merkwürdige Bodenverhältnisse. Über dem Fels lag eine fast zwei Meter starke, von Wurzeln durchsetzte schwarze Humusschicht, eine Art von Torf, unterhalb derer ein kleiner Bach floß, den man da und dort durch größere Löcher erblicken konnte. Die Löcher waren aber durch den Krautwuchs derart verdeckt, daß man bei nicht genügender Vorsicht leicht in eines von ihnen fallen konnte.

Nun kam an diesem Tage die letzte Steigung, die über steinige Halden mit großen Felsblöcken führte. Hier sah ich die ersten baumförmigen Espeletien und überhaupt die ersten Vertreter dieser sonderbaren Kompositengattung in der Sierra Nevada. Um 4 Uhr nachmittags waren wir an einer Stelle des Páramo, die mir unsere Indios als **Siminchucuá** bezeichneten. Es war ein prächtiger Lagerplatz am Rande eines von den letzten baumartigen Pflanzen beschatteten Baches. Ich hatte seine Höhe später mit Siedeapparat auf 3254 m ermittelt. Im letzten Augenblicke konnte ich noch verhindern, daß unsere Indios aus alter Angewohnheit das Gras des Páramos anzündeten, um aus der Umgebung unseres Lagers dieselbe schwarze verkohlte Einöde zu machen, wie wir sie am Abstieg nach San Sebastián und im Tal von Sircayuca gesehen hatten.

Wir mußten uns mit der Einrichtung unseres Lagers, besonders auch mit dem Aufbau des Zeltes, für das uns die letzte Nachmittagssonne den Boden noch etwas anwärmte, beeilen; denn von Süden nahte ein Unwetter. Das Gewitter kam indessen nicht bis zu uns herauf. Das Wolkenmeer blieb unter uns – nur ein mächtiger Cumulus ragte darüber hinaus –, und während die scheidende Sonne die wogenden weißen Massen hell aufleuchten ließ, züngelten die Blitze aus ihnen heraus und erschütterte der Donner Schlag auf Schlag die Luft. Darüber aber und über unserm Zeltlager blaute der dunkle klare Himmel des Hochgebirges.

Für die Nacht hatten wir damit zu rechnen, daß die Temperatur tief sinken würde. Drei unserer an die Kälte gewöhnten indianischen Begleiter mußten unter dem Sonnensegel des Zeltes schlafen. Auf der nur vier Quadratmeter messenden Bodenfläche des Zeltes selbst hatten nur fünf von uns, und auch die nur eng aneinander gedrängt, Platz. Wir hatten uns gut mit Decken, Unterzeug und Kleidern versehen, trotzdem begannen wir, besonders Juan und ich, die wir noch nicht richtig akklimatisiert waren, die Kälte recht empfindlich zu spüren, sobald wir uns, nach eingenommenem Mahl, im Zelt auszustrecken versuchten. Es war schon deshalb kein richtiger Schlaf möglich, weil wir uns gegenseitig immer im Halbschlummer knufften und stießen. So fühlten wir uns nach dieser ersten sternklaren Nacht im Páramo recht verklammt und unausgeschlafen, als endlich die Morgensonne uns weckte. Die ganze Umgebung unseres Lagers war weiß bereift, das Wasser in unsern Kochtöpfen hatte eine dicke Eisschicht. Die Vegetation um unser Zelt schien frostfest zu sein, denn sie hatte nicht im mindesten gelitten. Außer den weißbefilzten Kompositen und Potentilla-Arten und einer blauen Lupine hatte der Frost auch den andern, nicht geschützten Pflanzen nicht viel anhaben können, den gelben Ranunculaceen und Pantoffelblumen, die allerdings etwas geschützt standen, den Baldrian-Arten, den Geranien, den Enziangewächsen und den zierlich belaubten Umbelliferen, die zwischen den hohen Grasbülten von *Mühlenbergia angustata* blühten. Sobald die Sonne etwas zu wärmen begonnen hatte, flatterten kleine dunkle Falter *(Pedaliodes)* über dem Gras und summten dicke Hummeln um die Blütenbecherchen der Heidelbeeren *(Gaultheria)*; große träge Rüsselkäfer nagten an den Blättern der Sträucher. Das war das einzige Getier, das wir hier oben sahen, sogar der leise melancholische Gesang des «Copetón», der kleinen graubraunen Gebirgsammer *(Brachyspiza capensis)*, war verstummt.

Während drei unserer indianischen Begleiter den Páramo durchstreiften, um auf verwilderte Schweine zu jagen, beschloß ich, hier zwei Tage mit botanischen Sammlungen zuzubringen; denn die Wegstrecke zwischen den großen Andenrosen und unserm Zeltlager hatte viel zu verlockend ausgesehen, um ihr nicht einige Zeit zu widmen. Schon in dem tiefeingeschnittenen Bachbett beim Lager fingen die Herrlichkeiten an. Da hingen an den Felsen wunderliche, ganzrandige Farne mit langen rotbraunen Borsten und andere Seltsamkeiten mehr. Am buntesten sah der dünne Galeriewaldstreifen auf dem torfigen Boden aus, den wir am Tage vorher passiert hatten. Er schien von einer erstaunlichen Artenfülle zu sein. Das Sonderbarste an diesem Waldstreifen war, daß die glänzenden Falter der wärmeren Höhenlagen, darunter die glänzende *Thecla coronata*, sich durch diesen dünnen Waldstreifen, der weit bis in die unteren Regionen hinein zu verfolgen war, zu einem Ausflug in den kalten Páramo hatten verleiten lassen. Sie flatterten um die bunten Blüten der seltsamen Sträucher und Bäume, nachdem sie um schätzungsweise 2000 m gestiegen waren. Den in vollem Flor stehenden baumartigen Andenrosen wurde von uns allein ein halber Vormittag gewidmet.

Erstaunlich reich war auch das Tierleben, dessen Mittelpunkt die blühenden Bejarien waren. Schwärme von Hummeln, Bienen und Wespen summten um die brennendroten Blütenkelche, und zu ihnen gesellten sich die bunten Kolibris des Hochgebirges, die unermüdlich mit lautem Surren von Blume zu Blume eilten, ein Gefunkel von lebenden Edelsteinen.

Durch die Erfahrungen der ersten Nacht belehrt, hatten wir uns für die folgende unser Nachtlager durch dicke Unterlagen von Gras und Laub etwas behaglicher gestaltet und der Kälte etwas besser widerstanden. Nur unsere Mulas fühlten sich nicht wohl, sie hatten doch sehr unter der ungewohnten Kälte gelitten und sahen traurig und recht struppig aus. Ich mußte schon aus diesem Grunde trachten, die Expedition möglichst schnell zu Ende zu führen. So brachen wir am 9. März früh auf und wanderten, zunächst steigend, über leicht gewellte, melancholische Páramolandschaften mit Mooren und eiskalten Bächen.

Die glattgeschliffenen Felsen ließen es nunmehr ratsam erscheinen, zu Fuß zu klettern, da die Hufe der Mulas keinen richtigen Halt mehr fanden. Dabei spürte ich deutlich den Einfluß der immer dünner werdenden Luft; das Atmen wurde schwer, und der Puls klopfte bis in die Schläfen. Als wir uns nach einer besonders schwierigen Stelle etwas verpusteten, machten mich die Indios auf große Vögel aufmerksam, die in bedeutender Höhe über uns schwebten. Es seien Buitres, sagten sie, also Geier. Aber welche? Gallinazos konnten es nicht sein, denn dazu waren sie viel zu groß, und für Kondore mochte ich sie auch nicht ansprechen, denn mir war nichts davon bekannt, daß dieser König der Anden so weit nördlich vorkommen sollte. Wie mir meine indianischen Begleiter verrieten, sollen diese Vögel in den obersten Tälern zwischen den Schneegipfeln häufig sein. Pater Bernardo hatte mir noch kurz vor meinem Aufbruch von San Sebastián die Schwungfeder eines gewaltigen Vogels gezeigt, den die Indios erlegt hatten. Es hätte ganz gut die Feder eines Kondors sein können.

Ich hatte, seit wir Pueblo Viejo verlassen hatten, nichts mehr von der Schneekette gesehen und brannte darauf, ihr so bald wie möglich näher zu kommen. Unsere Indios sagten uns, daß wir sie erblicken würden, sobald wir den vor uns liegenden Paß von **Cungucaca** erreicht hätten. Es dauerte dann auch tatsächlich nicht mehr lange, so lag vor uns – es war Spätnachmittag geworden – mit der Schneekette als Hintergrund die großartigste, erhabenste Hochgebirgslandschaft, die ich bis dahin in der Sierra Nevada gesehen hatte. In der Schneekette waren deutlich drei höhere Gipfel und mehrere kleine zu unterscheiden. Dieses herrliche Bild machte auf uns Weiße einen tiefen Eindruck, und dennoch war zu sehen, daß die Firn- und Schneewelt dort oben nur die letzten Reste einstiger weit gewaltigerer Eis- und Schneemassen waren, denn das Tal, das uns von der Schneekette trennte, war das alte Bett eines gewaltigen Gletschers, der ehedem dieses Steinmeer bedeckt hatte und bei seinem Schwinden mächtige Moränen und tiefe Kare hinterlassen hatte, ein geradezu klassisches Gebiet für Gletscherstudien.

Nachdem ich meine Höhenbestimmung mit dem Siedeapparat ausgeführt, die 4000 m Höhe ergab, kletterten wir zwischen den Steilwänden des riesigen Kars herab, das vor uns lag. Die Mulas führten wir am Lasso hinter uns her.

Wir hatten jetzt das zweifelhafte Vergnügen, an der Moräne, auf der wir selbst standen, herunterzuklettern, eine Arbeit, gleich anstrengend für Menschen wie für Tiere. Überall standen in dem Gewirr der großen und kleinen Blöcke die silbergrauen Frailejones [Strauchgewächs]. Als wir endlich am Fuße dieser Geröllmassen anlangten, begrüßten uns, inmitten des ewigen Grau in Grau, auf dunkler Moorwiese die tiefblauen Sternchen des Vergißmeinnichts, ein freundlicher Willkomm, den uns das Tal von **Mamancanaca** entbot. Endlich – die Sonne war schon verschwunden und es wurde bereits dämmerig – unterschieden wir zwischen mächtigen Felsblöcken zwei Kegeldachhütten: Wir waren in Mamancanaca.

Das Tal von Mamancanaca zog sich oberhalb unserer Hütte nur mählich steigend, weit nach Osten, im Hintergrunde abgeschlossen durch steile, zackige, völlig kahle Felsberge. Auch in diesem Tale war überall die glaziale Tätigkeit sichtbar. Die Urgesteinsbuckel, die gerade gegenüber unserer Hütte lagen, zeigten deutlich die Spuren von der Arbeit des mächtigen Gletschers, der das Tal geformt. Auf beiden Hängen, besonders an dem südlichen, lagerte der Moränenschutt in großen und kleinen Blöcken. Etwa hundert Schritt von der Hütte entfernt lag ein mächtiger, fast kubischer Breccien-Block [Geröll] von etwa 3 m Höhe, der nur durch das Eis bis dahin transportiert sein konnte. Die Masse dieses Blockes, welche in großer Buntheit die Bruchstücke einschloß, war von außerordentlicher Härte. Dieser Findling war durch die Menge und Färbung seiner Einschlüsse von so großer Schönheit, daß er, so wie er da war, für jedes geologische Museum ein Glanzstück gewesen wäre. Er enthielt einen großen Teil der geologischen Geschichte der Sierra Nevada und schien auch auf die Indianer Eindruck gemacht zu haben, denn sie hatten auf ihm, wohl schon seit Jahren, ein Steinmännchen aufgetürmt. Ich konnte von unseren Indios nichts darüber in Erfahrung bringen, ob sich, wie ich vermutete, an diesen Block eine der Sagen knüpfte, an denen die Überlieferungen der Indianer so reich sind.

Nach der zweiten, fürchterlich kalten Nacht beschloß ich mit Juan und dem Indio Santiago, den Vorstoß zur Schneekette zu unternehmen. Santiago versprach, mich bis zu einem Schneefelde, das er kenne, zu führen, und stellte in Aussicht, daß dies die einfachste Sache von der Welt sei und keiner besonderen Vorbereitungen bedürfe. Ich war ganz auf Santiago angewiesen, den man mir in San Sebastián als Wegekundigen mitgegeben hatte, und glaubte dabei gut zu fahren, wenn ich mich seiner Führung anvertraute. Kartenmaterial über die früheren Vorstöße nach der Schneekette, das mir irgendeinen Anhalt hätte geben können, besaß ich nicht. Wie ich in der Folge sah, hätte ich mein Ziel am schnellsten und sichersten auf dem von Sievers benutzten Wege erreicht. Dieser Weg war Santiago indessen entweder überhaupt nicht bekannt, oder er kannte ihn, wollte ihn aber aus irgendeinem Grunde, vielleicht aus abergläubischer Furcht vor den bösen Geistern in den an jenem Pfade gelegenen Seen, nicht benutzen. Auf alle Fälle durfte ich hoffen, einen Punkt zu erreichen, der nahe der Schneegrenze lag und mir Aufschlüsse über den Charakter der Pflanzenwelt in diesen hochgelegenen Regionen verschaffte.

Der Weg, den Santiago uns führte, folgte zunächst zwei Stunden dem Laufe des Baches von Mamancanaca in fast rein östlicher Richtung über die öden Hochmatten des Tales. Wir stiegen dabei, ohne daß wir es recht merkten, bis zu etwa 3700 m, wo wir angesichts einer etwa 600 m hohen, im unteren Teil von Gletschern polierten Felsmasse uns direkt in Richtung auf die Schneeketten wandten. Kleine, düstere Seen, wie dunkle melancholische Augen, füllten die Kare am Fuße der Felsen. Wir kletterten weiter über Moränenschutt mit spärlicher Vegetation die steilen Hänge hinauf. Selten nur fand der Fuß festen Halt, die Steine gaben meist nach und polterten geräuschvoll in die Tiefe. Dies war der weitaus beschwerlichste Teil des Aufstiegs. Als wir mit stark klopfenden Herzen bis 4300 m geklettert waren – die Mittagsstunde war schon vorüber –, standen wir vor einer dunkelbraunen, völlig vegetationslosen Mulde unterhalb einer Steilwand. Das war der Platz, zu dem uns Santiago hatte führen wollen. Nach seiner Behauptung war diese Mulde vor kurzem noch völlig mit Schnee bedeckt gewesen, und bei näherer Betrachtung konnte ich mich davon überzeugen, daß dies den Tatsachen entsprach. Der völlige Mangel an Pflanzenwuchs deutete darauf hin, daß dieser Platz nur ganz vorübergehend ohne Schnee sein konnte. Der Boden war dort auch jetzt noch gefroren. Von den Schneefeldern, die wir von Cungucaca aus gesehen, war von dieser Stelle aus nichts zu erblicken. Überall stiegen die völlig kahlen, furchtbar zerklüfteten Felsmassen vor uns noch reichlich zweihundert Meter höher hinauf und endeten nach oben mit einem in steilen Zacken zerrissenen Kamm, der uns jede weitere Aussicht versperrte. Öde und Grauen wohnten in dieser Felswildnis. Während wir uns darüber berieten, an welcher Stelle wir – Seile hatten wir nicht bei uns – die vor uns liegende Wand am besten nehmen könnten, kamen über den Kamm dicke weiße Wolkenmassen auf unseren Standplatz zu herübergejagt. Ein eisiger Wind fegte vor ihnen her. Damit hatte uns das Wetter einen bösen Streich gespielt. Der Weg nach vorwärts und oben war uns bereits verschlossen, und wir mußten damit rechnen, daß uns auch der Rückweg versperrt wurde. Es hieß also: zurück so schnell wie möglich. Zum Glück hatte ich bereits vorher im Schutze eines großen Felsens meinen Siedeapparat in Tätigkeit gesetzt, so daß wenigstens die Höhenbestimmung bereits gemacht war, als die Lage anfing, bedenklich zu werden. Wir durften keinen Augenblick mehr verweilen, wenn wir nicht wollten, daß die Wolken uns einholten, ehe wir aus der schlimmsten Stelle des Abstieges heraus waren. Von diesem Punkte nahm ich als Andenken die letzte und höchst vorkommende Blütenpflanze, die wir angetroffen, mit, eine für die Wissenschaft neue *Draba*-Art, wie fast alle diese Hochgebirgspflanzen vom Nadelholztyp. Sie glich einem winzigen Tannenbäumchen, dessen oberste Zweigspitzen orangengelbe Blüten trugen, ähnlich denen des wilden Goldlacks.

Es kam die letzte Nacht in der Hütte von Mamancanaca. Spät, bei völliger Dunkelheit, traf noch eine von Donachuí kommende Indianerin, die Frau des Besitzers der Hütte, mit ihrem Töchterchen ein. Die beiden sorgten dafür, daß die ganze Nacht über das Feuer in unserer Hütte nicht verlosch. Unseren Bienenkorb füllte freilich binnen kurzem ein so dichter Rauch, daß es für die Weißen kaum möglich war, die Augen zu öffnen. Eines aber ist sicher, es war die erste Nacht im Hochgebirge, in der wir nicht gefroren hatten.

Ein herrlicher frischer Morgen versprach uns einen angenehmen Rückmarsch. Wir ahnten allerdings nichts davon, wie er sich in Wirklichkeit gestalten würde. Bei schönstem Sonnenschein, der schnell den dicken weißen Reif forttaute, beluden wir in aller Eile die uns verbliebenen Lastochsen. Von Modesto mietete ich dessen eigenes Reitpferd, auf das auch noch ein Teil des Gepäcks verladen wurde. So konnten wir alle unsere Lasten mitnehmen, ausgenommen meinen Sattel, für den ich ja keine Verwendung hatte und den ich in der Hütte zurücklassen konnte, da Santiágo sich erboten hatte, ihn später nach San Sebastián herunterzubringen.

Die durch Futtermangel geschwächten und diesesmal weit stärker beladenen Tiere marschierten so langsam, daß mir Zeit blieb, am Aufstieg nach dem Paß von Cungucaca unser Herbar um eine Reihe von interessanten Pflanzen zu bereichern. Den nachhaltigsten Eindruck – wörtlich genommen – machte dabei ein Pflänzchen, das uns schon beim Abstieg aufgefallen war durch die einladenden gelbgrünen, moosartigen Polster, mit denen es den Humusboden rings um die Moore überzog. Als Juan und ich uns hier lagerten, um einen kurzen Marschimbiß einzunehmen, fuhren wir sofort, wie von hundert Nadeln gestochen, hoch, denn die so harmlos aussehenden Polster waren gespickt mit kleinen Grassamen, die nach oben in eine feine glasharte Spitze auslaufen, schärfer als die Stacheln eines Kaktus, und sich klettenartig in das Fleisch hineinbohrten. Dieses heimtückische Gewächs, eine winzige Grasart, *Ariachne pulvinata*, das uns auf sein bis dahin unbekanntes Vorkommen in der Sierra Nevada auf so fühlbare Weise aufmerksam machte, bildete eins der bemerkenswertesten Sammelobjekte, das uns die so selten von Weißen betretenen Hochmatten der Sierra Nevada beschert hatten.

Als wir dann vom Paß, nach einem letzten Blick auf die schimmernde Schneekette, über die kahlen glatten Felsbuckel zum Tal von Aduriameina herunterkletterten, kreisten plötzlich dicht über uns die großen Vögel, die «Buitres», die wir schon am Aufstieg in großer Höhe schwebend bemerkt hatten. Jetzt waren sie so nahe, daß wir jede Einzelheit sehen konnten, denn wir hätten fast mit Steinen danach werfen können. Es war tatsächlich eine Kondorart. Keiner von diesen riesigen Vögeln ließ allerdings etwas von dem Kamm erkennen, der den erwachsenen männlichen Kondor auszeichnet, auch fehlte den Schwingen das reine, schneeige Weiß, das mir in Südcolumbien bei diesem Vogel als besonderer Schmuck des Gefieders aufgefallen war, dagegen hob sich die weiße Krause am Hals deutlich von dem tiefschwarzen Federkleid ab.

Die «Buitres» folgten uns längere Zeit, immer in Büchsenschußweite über unseren Köpfen kreisend, sie brachten aber, wie schon die nächsten Stunden zeigten, schlechte Auspizien; sie waren Unglücksvögel für uns. Bald nachdem wir am jenseitigen Hange des Tales von Aduriameina den Aufstieg beendet hatten – es war etwa 11 Uhr –, sahen wir plötzlich riesige dunkle Wolkenmassen vor uns über der Erde lasten. Schwarz und drohend, versperrten sie restlos die Aussicht nach vorn und hüllten uns schnell in dichte, durchnässende Nebel ein. Bei unserem alten Lagerplatz von Siminchucuá schlugen uns die ersten Tropfen ins Gesicht. Unglücklicherweise waren gerade in diesem Augenblick die Tiere weit vor mir. Hätte ich aber geahnt, was nun kommen würde, so hätte ich doch noch den Versuch gemacht, sie zurückzuholen, um das Zelt aufzuschlagen. Es war allerdings sehr fraglich, ob wir damit noch zu Rande gekommen wären, denn noch ehe ich mich mit den Indios verständigen konnte, brach eines jener furchtbaren Unwetter, einer dieser Regenparoxysmen los, die nur die tropischen Hochgebirge kennen. Wahre Fluten eisigkalten Regens, untermischt mit Hagelschlossen, stürzten aus den Wolken und weichten uns in wenigen Minuten bis auf die Haut ein. Von meinem Gummiponcho hatte ich keinen Nutzen, denn der war vorne bei den Tieren. Als wir zu der Talmulde herabstiegen, in der mir beim Aufstieg die tiefen Löcher im torfigen Humusboden aufgefallen waren, tosten über die kahlen Hänge ungeheure Wassermengen in die Tiefe, ein einziger entfesselter Wildbach. Dort, wo noch wenige Tage zuvor, tief unter der dicken Humusdecke, eine winzige Wasserader rieselte, brauste jetzt ein reißender Fluß dahin, den wir, bis an die Knie im Wasser und den Untergrund mit unseren Stöcken abtastend, querten, und ähnlich diesem Bächlein, hatten alle die vorher unbedeutenden Wasseradern, die wir noch passierten, völlig ihre Natur verändert. Ich begriff jetzt, woher die gewaltigen, plötzlich auftretenden und ebenso schnell wieder ablaufenden Wassermassen kamen, die mir bei meinen Flußaufnahmen im vergangenen Jahre soviel zu schaffen gemacht hatten. In den Zeiten, als hier noch die dichten Bergwälder standen, deren letzte schäbige Überbleibsel in den Schluchten das furchtbare Vernichtungswerk durch Feuer und Axt nicht erreicht hatte, wären diese katastrophalen Wasserfluten ganz undenkbar gewesen, hier, wie in allen anderen Gegenden Columbiens, wo die Verhältnisse ähnlich liegen. Auch bei dieser Sintflut bewährten sich die hervorragenden Eigenschaften unserer braven Tragochsen. Mit unerschütterlichem Gleichmut zogen sie bedachtsam Schritt vor Schritt durch diese Wasserfluten über die steilen glitschigen Hänge und wußten geschickt die einzige Stelle aufzufinden, an der die Wildbäche überhaupt noch zu passieren waren. Auch unsere Indios Modesto und Santiago machten ihre Sache brav, ordneten, ohne eine Miene zu verziehen, die Lasten, wenn es nötig wurde, und waren nicht aus der Ruhe zu bringen. Bei dieser Gelegenheit zeigte es sich, in wie außerordentlichem Grade der Indianer des Hochgebirges sich der wilden Natur seiner Heimat angepaßt hat und wie weit er seinen Unterdrückern eigentlich in vieler Hinsicht überlegen ist.

Unterdessen war der Regensturm immer heftiger geworden, die Zähne klapperten uns, und die Aussicht, daß noch reichlich vier Stunden in diesem furchtbaren Unwetter auf den in Wildbäche verwandelten Wegen, an Abgründen und Steilhängen vorbei, vor uns lagen, war wirklich teuflisch. Juan, der dicht hinter mir folgte, begann Gespräche über gleichgültige Dinge, erzählte mir von seiner Heimat Costarica und versuchte, wie ich merkte, durch die so erreichte Art von Autosuggestion über das Gefühl des Erstarrens hinwegzukommen. Auch meiner hatte sich bereits ein immer stärker werdendes Gefühl der Müdigkeit und Gleichgültigkeit bemächtigt. Nur noch rein mechanisch setzte ich einen Fuß vor den anderen.

Als wir im Tal anlangten, hörte der Regen auf, aber auch dann war das Marschieren mit dem großen Gewicht der von Wasser triefenden dicken Kleidung noch schlimm genug, und die Kälte schüttelte unseren Körper. Bald nachdem wir dann den eiskalten Rio San Sebastián gequert, lagen die Häuser von Paúruba vor uns. Ich glaube, daß mir selten in meinem Leben der Wechsel der Kleider solchen Genuß bereitete wie an diesem Spätnachmittag im Indianerdorfe, und um dieses Glück voll zu machen, folgte noch eine Tasse wundervollen heißen, schwarzen Kaffees, den uns die «Niña» Antonia gebraut hatte.

Ich wollte noch einige Tage die im Süden der Sierra Nevada erhaltenen Waldreste sammelnd durchstreifen. Es wurde schon dämmerig, als wir über den Paß von Inátrua in das Tal des Chinchicuá hinabstiegen. Als wir den Fluß überschritten, zeichnete bereits das fahle Licht des Mondes die Schattenrisse der Bäume auf den Pfad.

Manche Bäume, die ich anderwärts nur in bescheidenen Abmessungen gesehen hatte, erreichten auf dem fruchtbaren Humusboden bedeutende Höhe. So stand mitten im Walde, in der Nähe unseres Hauses, im vollen Flor ihrer rosaroten Blüten eine Andenrose *(Bejaria)* in Baumform von fast 20 m Höhe. Nirgendwo hatte ich so riesige Clusien gesehen wie hier; ihre ledeartigen, großen, glänzenden Blätter hatten die Größe eines Suppentellers. Überhaupt schien mir die Neigung zum Riesenhaften eine besondere Eigentümlichkeit dieses Waldes zu sein. Hier wuchs auch im Unterholz die größte aller columbianischen Pfefferarten *(Piper)*, Bäumchen bis zu 15 m Höhe mit Blättern von mehr als Fußlänge und den rattenschwanzähnlichen Blütenständen, die fast einen halben Meter maßen. Auch die in der Sierra Nevada mit so vielen Arten vertretenen Coca-Sträucher haben am Chinchicuá ihren riesigsten Vertreter stehen, das *Erythroxylon macrophyllum*, mit Blättern von mehr als Handlänge, in dem kaum noch der Verwandte des für die Indianer so wichtigen kleinblättrigen Strauches zu erkennen ist. Unter der im Bergwalde so überaus arten- und formenreichen Familie der Melastomaceen fiel uns besonders eine bisher unbekannte Art der Gattung *Blakea* auf, ein Baumwürger mit großen Blüten in der Farbe und mit dem Duft der Teerosen.

Als wir aus dem Walde auf die kahlen, sonnigen Höhen hinaustraten, an denen sich der Weg nach **Pueblo Viejo** hinunterzieht, sah ich, daß auch hier der Frühling einkehrte. Die Grasbülten trieben frisches junges Grün, und auf dem bisher kahlen grauen Boden dazwischen sproßte und blühte es in allen Farben. Da standen rosenrote Malven, zierliche Cissampelos, feurig goldgelbe *Byrsonima* und *Palicourea*, dazwischen die großen blauen Blumen der *Clitoria*. Weiter unten auf den Schotterterrassen kamen auch prächtige Orchideen hinzu, ein *Cyrtopodium* mit blattlosen dicken Bulben und gelben, braungetigerten Blüten. Um die Mittagszeit querten wir den Rio Ariguani und waren kurz darauf, nachdem wir den steilen Rand der Mesa von Pueblo Viejo heraufgeklettert waren, vor dem Hause der Familie St.

Queries and Answers

(Continued from Page 26)

For he's just a tramp with a highway
stamp that culture cannot disguise;
And his friends, I have found, in
streets abound, be they urchins or
gods or men;
Yet he sticks to me with a fiendish
glee; it is truly beyond my ken.

"As Time Runs"

H. S. BRIDGE, St. Paul, Minn.—Under the heading, "As Time Runs," "A. F. B." asks the title, author and complete poem in your issue of May 6. The poem is by James Russell Lowell, and is entitled "Sixty-eighth Birthday," and is just four lines long:

As life runs on, the road grows strange
With faces new, and near the end
The milestones into headstones change,
'Neath every one a friend.

"Thanatopsis"

W. H. McGRATH, Livingston Manor, N. Y.—The quotation for which "M. M." inquires in your issue of May 6 occurs in the seventh verse of "Thanatopsis," by William Cullen Bryant, viz.:

So shalt thou rest, and what, if thou
shalt fail
Unnoticed by the living, and no friend
Take note of thy departure? All that
breathe
Will share thy destiny. The gay will
laugh
When thou art gone; the solemn brood
of care
Plod on; And each one, as before will
chase
His favorite phantom; yet all these
shall leave
Their mirth, and their enjoyments and
shall come
And make their bed with thee.

Several other correspondents answered this query.

"Fanny's Way"

ALICE M. FITZGERALD, Bennington, Vt.—The poem asked for by "R. L. S." in the May 6 issue may be found in "Rhymes for Kindly Children," by Fairmont Snyder, published by P. F. Volland & Co. The poem goes as follows:

FANNY'S WAY.

Dear Fanny has a winsome way,
A look—"be happy!"—in her eye;
Her friends all say she's beautiful,
Yet not a one can tell you why
For Fanny has a kindly heart,
And kindly hearts make others glad!
When Fanny comes and smiles at you,
You soon forget the cares you had.

. . . .

Inventin' a way to get out again. That
was all very well to say,
But I don't b'lieve he'd have found it
out if I'd left him in all day;
Now sence I've told you my story, do
you wonder I'm tired of life?
Or think it strange I often wish I
warn't an inventor's wife?

Several other correspondents answered this query.

"Kiss and Let's Make Up"

LAURENCE P. DODGE, Boston, Mass.—In your issue of April 15 "T. P. C." asked for the following song. It is entitled "Kiss and Let's Make Up," and was written by Charles K. Harris and published in 1891:

Two little playmates, a boy and a girl,
Were playing one day on the sands;
They had built up a house of pretty
sea shells
With no tools but their little brown
hands;
At last it was finished, their work
was well done,
And two little hearts were made
glad:
When the boy, just for fun, gave a
kick, then did run,
And down came the house on the
sands.
The girl for a moment stood shocked
and surprised,
Then tears to her pretty eyes came.
"I'll never forgive him," she sobbingly cried;
"Oh, how could my Jack be so
mean?"
And when the lad saw his sweetheart
in tears,
He manfully to her side came,
And, throwing his arms around her
dear form, said:
"Kiss, and let's make up again."

CHORUS.

Kiss and let's make up, my darling;
Dry your tears, don't cry in vain,
For you know I love you, darling—
Yes, I know I was to blame.
So you wish you'd never met me?
Don't say that, my little pet;
What would this life be without you?
Kiss, and let's make up.

Several other correspondents answered this query.

"Nothing but Leaves"

GRACE BYRON, Bradford, Pa.—The hymn for which "M. C. H." asks in your issue of April 22 is by Mrs. Lucy Evelina Akerman, who was born in Providence, R. I., in 1816 and died in 1874. The hymn was inspired by the line in Mark, xi., 13: "And when he came to it he found nothing but leaves."

Nothing but leaves! The spirit grieves

In der Frühe des 17. April war alles zum Aufbruch bereit. Unsere braven wohlgenährten Grautiere standen zufrieden mit ihren Freßbeuteln – eine Neuerung, die ihr in allen Dingen gründlicher und gewissenhafter Besitzer in Pueblo Viejo eingeführt – vor dem Hause, um ihre Lasten in Empfang zu nehmen, und bald darauf setzte sich die Recua in Bewegung. Ich selbst trabte auf dem mir bekannten Wege voraus in den prächtigen, frischen Morgen der beginnenden Regenzeit hinein. Zwar waren noch allerorten die Spuren der Busch- und Grasbrände zu bemerken, aber aus den Büscheln der harten Gräser, die der Zerstörung standgehalten hatten, sproßten neue Blätter. Schlimm war es allerdings um die kleinen Waldfetzen bestellt, an denen der Weg entlangführte. Hier hatte man, seit ich das letztemal durchgekommen, mit Axt und Feuer so gründlich aufgeräumt, daß fast nichts mehr übriggeblieben war. In einem dieser Waldreste, der an seinen Rändern auch bereits verkohlt und der Vernichtung geweiht war, schwebten hoch über dem Zwergbambus entzückende Falter, zarte Morphos in berückendem, märchenhaftem Farbenspiel, in dem Bernsteingelb mit glitzerndem Veilchenblau abwechselte. Am Abstieg über die kahlen, sonnendurchglühten Hänge wartete ich auf die Recua, die nur langsam marschierte, um mit ihr gemeinsam den Weg zu machen. Durch Cafetales und kleine Waldstücke, aber durch noch mehr verbrannte Wüsteneien absteigend, waren wir am Nachmittag wieder in dem schmutzigen Rancho von Tamaco.

Die Tagesmärsche waren uns durch die Lage der Wasserstellen vorgezeichnet. Der nächste führte zuerst durch Hochwald, dann, nachdem der Rio Diluvio passiert war, über unbeschreiblich ödes, verbranntes Land. Hier standen noch die halbverfallenen Baulichkeiten der verlassenen Kupferminen von Camperucho. Auch dieses Unternehmen war ein Opfer der Wasserlosigkeit geworden, mußte aus diesem Grunde aufgegeben werden. In den Betten der Wasserläufe standen nur noch winzige trübe Tümpel, die kleinen Herden genügsamer Schafe als Tränke dienten. Wirtschaftlicher Rückgang auch hier überall infolge Wassermangels. Von den Vorbergen der Sierra Nevada im Norden aber stieg der bläuliche Hauch der Buschbrände hoch; dort wurde unentwegt das Zerstörungswerk fortgesetzt, an der Austrocknung des Landes gearbeitet. Der Rio Garupal, der nächste Fluß, bei dem sich die fortgesetzte Waldzerstörung noch nicht durch Wasserlosigkeit während der Trockenzeit bemerkbar macht, begrenzte unsern heutigen Marsch. Die hohen, luftigen Ranchos von **Caracolí**, unter Curua-Palmen und knorrigen

Chaparros am Flußübergang gelegen, nahmen uns hier auf und schützten uns unter ihren Palmblattdächern vor der furchtbaren Glut des Nachmittags. Der Fluß mit seinem Uferwald war wie eine Oase in der Wüste. Er ist der Lebensspender für das Land, das sich nach Osten auf einen halben Tagemarsch erstreckt, und für alles Land vor uns, weiter als ein ganzer Tagemarsch. Wie lange noch, und die Zeit kommt, da auch diese Wasserader während der Trockenzeit versiegen wird!

Der nächste Tag brachte die Fortsetzung des Marsches durch dieses verdurstete Land. Als wir von **Las Pavas** abmarschierten, sagte man uns, daß wir am Mittag in der Quebrada Copei fließendes Wasser für unsere Recua finden würden. Jedes Gespräch, das man anknüpfte, drehte sich auf diesem Wege des Durstes um Wasser, um nichts anderes als Wasser. Gerade als wir aufbrachen, wurde durch Las Pavas eine Viehherde getrieben, die Wolken von Staub aufwirbelte; verdurstete, armselige, magere Rinder. Es glückte uns, an dieser Herde vorbeizutraben, so daß wir nicht den ganzen Tag über diesen Staub einzuatmen brauchten. Der Marsch war ohnehin beschwerlich genug, denn fast bis zur Mittagszeit führte der Weg durch schattenlosen, erstickend heißen Rastrojo, gerade hoch genug, um jede Spur eines Luftzuges fernzuhalten. Als wir kurz vor Mittag in Copei eintrafen, stellte es sich heraus, daß es mit dem fließenden Wasser im Flusse nichts war. Wir mußten, über das Geröll des ausgetrockneten Flußbettes stolpernd, längere Zeit suchen, bis wir endlich im Schatten hoher Bäume, von Felsen eingeschlossen, einen noch leidlich klaren Tümpel fanden, an dessen Rand sich gerade eine Herde Schweine grunzend und quiekend zu schaffen machte. Das sah nicht gerade verlockend aus, indessen, wenn einem vor Staub und Hitze nach fünf Stunden langem Marsch die Zunge am Gaumen klebt, schwinden alle Bedenken, und ich hatte schon schlimmeres Wasser getrunken als das aus diesem Tümpel, und so trank ich, tranken meine Gefährten, was in uns hineinwollte. Kaum waren wir dann mit dem Tränken unserer Tiere fertig, als das Blöken und Brüllen von Rindern meldete, daß die Herde, die wir am Morgen überholt, im Anmarsch war. Wie ein entfesselter Strom jagten die verdursteten Tiere in dem engen Bett des Flusses auf uns zu, und wir konnten uns gerade im letzten Augenblick in das Ufergebüsch hineindrücken, um nicht von ihnen überrannt zu werden.

Am folgenden Morgen traten wir gleich hinter den letzten Hütten von Caracolicito in schattigen, regenfeuchten Urwald ein. Es war ein köstliches

Marschieren in der frischen aromatischen Luft, durch die zu neuem Leben erwachte Natur, die Fülle des tropischen Pflanzenwuchses und das bunte, lebensfrohe Gewimmel der Falter. Dann standen wir vor dem rauschenden, kristallklaren Fluß – dem einzigen großen, selbst in der Trockenzeit stets wasserführenden auf dieser langen, langen Durststrecke zwischen Caracolí und Fundación – dem Rio Ariguaní. Vor zehn Tagen hatte ich ihn zuletzt nahe seinem Quellgebiet gequert und seinen kaum weniger wasserreichen Zufluß, den Rio Chinchicuá, vor fast drei Wochen weiter oben im kühlen, dunklen Nebelwalde nahe der Hütte des deutschen Einsiedlers in der Bergwildnis.

Menschen und Tiere schwelgten im Genuß des langentbehrten, herrlich kühlen Wassers, von dem wir uns nur schwer zu trennen vermochten, und ich stellte dabei Betrachtungen über die Gefahren an, die auch diesem letzten größeren Flußlauf im Südwesten des Gebirges durch das herrschende Wirtschaftssystem in den höheren Regionen drohen. Werden die Behörden die Einsicht haben und die Reste der Bergwälder, denen der Rio Ariguaní sein Wasser dankt, gegen selbstsüchtige Willkür in Schutz nehmen, oder werden sie der Waldverwüstung ihren Lauf lassen? Fast scheint es so, als ob man mit dieser letzten Möglichkeit zu rechnen hat, und daß der Rio Ariguaní dasselbe Schicksal erleiden wird wie der Rio Cesar und viele andere ehedem wasserreiche Flüsse Columbiens, die heute ausgetrocknet sind und nur noch nach schweren Regen als zerstörende Wildbäche von ihrem Dasein Kunde geben.

Santa Rosa war unser letztes Quartier auf diesem endlosen, ermüdenden, heißen Weg, der hinter uns lag, dem berühmten «Camino real del Valle de Upar», auf dem schon vor 400 Jahren die Karawanen der Conquistadoren gepilgert waren. Am nächsten Tage waren wir so rechtzeitig in **Fundación,** daß wir noch den Personenzug nach Santa Marta erreichten. Hier nahm ich mit Juan Abschied von unserm freundlichen, hilfsbereiten Reisegefährten St., Vater und Sohn. Am Spätnachmittag waren wir wieder in **Santa Marta;** unsere Rundreise um die Sierra Nevada war beendet.

Während des langen heißen Marsches durch die Ebene und bei der nun wieder beginnenden Tätigkeit in der Bananenzone merkte ich bald, daß die kurzen Wochen im Hochgebirge mich zwar etwas aufgefrischt, mir aber nicht die alte Spannkraft zurückgegeben hatten, und daß dies nur durch einen völligen Klimawechsel nach so vielen Jahren aufreibender Arbeit in den Tropen möglich war. So kam ich schneller, als ich gedacht, von heute auf morgen, zu dem Entschluß, den ich schon längst hätte fassen sollen, dem Entschluß einer Reise nach Europa.

Am 8. Juni mittags waren meine Sachen an Bord des englischen, nach Rotterdam bestimmten Bananendampfers Aracataca. Aracataca, das war der Name des Flusses, dessen Macondowäldern im heißen Land meine ersten Streifen gegolten hatten und von dessen Quellen hoch in der Schneekette, im Reich der silbernen Frailejones und des Kondors, ich jetzt zurückgekehrt war. Um 4 Uhr verabschiedete ich mich von Herrn P. und Juan Melendez, die mich an Bord begleitet hatten. Dann warf der Dampfer die Trossen los und nahm um die Morro-Insel seinen Kurs in das offene Karibische Meer. Lange noch konnte ich durch das Fernglas auf den Felsklippen von Santa Marta die schlanke Gestalt meines Stellvertreters erkennen, der mir jetzt allein von dem Platze nachwinkte, von dem ich selbst so oft den scheidenden Schiffen nachgesehen. Dann verloren sich die Einzelheiten am Lande. Die See ging hoch, und das Karibenmeer zeigte sich wieder in seiner ganzen wilden Schönheit. Mit einem eigenen Gefühl sah ich dem schwindenden Lande nach, denn – es ist etwas Eigentümliches – man läßt an Orten, an denen man lange gewirkt, stets etwas von seinem Selbst zurück und man fühlt das um so deutlicher, je schwerer und arbeitsreicher das Leben an diesen Orten war. Meine Augen vermochten sich von dem Lande im Süden nicht zu trennen. Über der Sierra Nevada lagen dichte, dunkle Wolken, aber noch hatte ich die Hoffnung nicht aufgegeben, einen letzten Blick auf die Schneeberge zu erhaschen, und diese Hoffnung trog nicht. Es war bereits nach 6 Uhr, die Sonne schon unter dem Kimm verschwunden, als sich plötzlich die Wolken lichteten und, von zartem Rosa übergossen, die Schneegipfel klar und scharf aus den grauen Massen auftauchten, fast so wie an jenem denkwürdigen Weihnachtstage bei den deutschen Landsleuten im Gebirge. So entbot mir die Sierra Nevada aus der Ferne ihren letzten Gruß, und ich sah in diesem Gruß zugleich die stumme Bitte, alles, was in meinen Kräften stände, zu tun, um aufklärend dahin zu wirken – mehr lag ja nicht in meiner Macht! –, daß das verhängnisvolle Zerstörungswerk zum Stillstand kommt, mit dem menschliche Habsucht die wirtschaftliche Zukunft dieses reichen, schönen Landes in Frage stellt. So kam mir der Gedanke, meine Aufzeichnungen über die Waldverwüstungen und ihre wirtschaftlichen Folgen in diesem Buche niederzulegen.

Stamm des *Dictyocarium Schultzei.* Nach einer Fotografie von Arnold Schultze

JOURNEY TO BANANA LAND
Produced by
THE WILLIAM J. GANZ Co.
Travel with us on the Great White Fleet and meet your neighbors in Middle America.
See how they live and what they grow.
Follow the banana right back to your own home.

Das Bananenmassaker

Wenige Wochen nach der Heimreise von Arnold Schultze bricht in den ersten Dezembertagen des Jahres 1928 in der Stadt Ciénaga (Provinz Macondo) ein Streik der Plantagenarbeiter aus.

Agrarische Monokulturen wie der von der United Fruit Company betriebene Bananenanbau haben nicht nur, wie Schultze aus eigener Anschauung überprüfen konnte, verheerende Folgen für das binnenökologische Gleichgewicht einer Region, sondern führen auch zu erheblichen Verwerfungen und Konflikten im sozialen Gefüge eines Landes, vor allem, wenn der forciert betriebene Anbau mit einer Proletarisierung der indigenen und hispanischen Landbevölkerung einhergeht.

Die Streikenden forderten schriftliche Arbeitsverträge, einen Achtstundentag, eine Sechs-Tagewoche und eine ordentliche Verpflegung. Der Streik dehnte sich rasch aus, der radikale Flügel der Liberalen Partei sowie die Sozialistische und die Kommunistische Partei unterstützten ihn. Die Regierung entsandte ein Regiment Soldaten in das Streikgebiet – ob auf ausdrückliches Ersuchen der United Fruit Company, konnte bis heute nicht eindeutig geklärt werden. Am Sonntag, dem 6. Dezember 1928 baute die Armee Maschinengewehrposten auf den Dächern in der Nähe des zentralen Stadtplatzes auf und riegelte die Ausfallstraßen ab. Die auf dem Platz versammelte Menge der Streikenden, darunter auch viele Frauen und Kinder, wartete auf eine Botschaft des Gouverneurs zur Lage. Nach der Drohung, das Feuer auf die Wartenden zu eröffnen, ließ der Truppenkommandant fünf Minuten verstreichen und gab dann den Feuerbefehl. Auf geradezu rätselhafte Weise ist umstritten, wie viele Opfer das Massaker forderte. Die jüngsten, von Historikern ermittelten Schätzungen schwanken zwischen 47 und 2000 Toten.

In dem Roman «Hundert Jahre Einsamkeit» von Gabriel García Márquez – er wurde 1928 im Macondo geboren – spielt das Bananenmassaker eine entscheidende Rolle. García Márquez räumte Jahre später ein, daß er «um der Dramatik willen» die Zahl der Opfer bewußt in die Höhe getrieben hätte.

Die von staatlicher Seite vorgeschobene Begründung für den massiven militärischen Einsatz entbehrt nicht einer bizarren Logik. So behauptet der für das Massaker verantwortliche kommandierende General Cortés Vargas,

Abb. linke Seite: Nach einem Werbefilm der United Fruit Company (um 1950)

daß er mit der militärischen Operation einer drohenden amerikanischen Intervention zuvorgekommen sei. (1903 hatten die USA die Provinz Panama durch die Schaffung einer mit amerikanischen Waffen unterstützten «Unabhängigkeitsbewegung» von Kolumbien abgespalten, nachdem die Regierung in Bogotá sich geweigert hatte, das Land an die USA zu verkaufen.) Umgekehrt haben liberale und linke Kräfte den Militärs vorgehalten, sie hätten ihre gegen die Streikenden gerichteten Kugeln besser für die amerikanischen Interventen aufgespart.

Ein anschauliches Bild der chaotischen Verhältnisse in der Provinz Santa Marta liefert der mit Arnold Schultze befreundete Geologe Otto Pichelmayr. In einem abenteuerlichen Brief aus dem Jahr 1930 bittet er Schultze, doch bald wieder nach Kolumbien zurückzukommen, um als Landvermesser und Agrarfachmann nach dem Rechten zu sehen. Zweimal erwähnt Pichelmayr, daß er Schultzes Sachen bei sich verwahrt habe – also vermutlich auch den Schmetterlingskoffer.

Es ist der aufschlußreiche Brief eines Gestrandeten, der immer noch hofft, in diesem Land schlagartig reich zu werden, und andererseits sehr realistisch erkennt, daß ihm die dafür erforderliche, das Glück erzwingende Rücksichtslosigkeit fehlt. Über die nach Schultzes Abreise aufgelöste «Comisión de Baldíos» schreibt Pichelmayr: «Weil die Comisión jetzt ohne Ingenieur ist, hat sie gar keinen Sinn; ich glaube, die Regierung weiß selbst nicht, was sie tun will. Ein vollkommenes Chaos.» Er selbst und wohl einige Jahre zuvor auch Schultze waren an dem Erwerb rohstoffreicher bzw. landwirtschaftlich nutzbarer Gebiete interessiert, doch seien die seinerzeit abgeschlossenen Pachtverträge plötzlich «für Null und nichtig» erklärt worden. Die Hoffnung, ertragreiche Glimmerstätten entdeckt zu haben, erweist sich als trügerisch; schließlich erwähnt er – «ich vertraue dies alles Ihnen an, grosses Geheimnis» –, er habe topographische Aufnahmen der Amerikaner von einem erdölreichen Terrain in der Provinz Goajira einsehen können. Die Amerikaner «würden alles daran setzen, dieses Gebiet zu bekommen. Alles wartet auf das neue Erdölgesetz. Im Falle, daß es keine Petition über dieses Gebiet gibt, wollen wir schnell die Eingabe an das Ministerium machen und uns die Exploitation sichern.»

In einem lichten Moment dämmert Pichelmayr, daß dieses Kolumbien eher ein Wahngebilde ist: «Wer weiss, ob der Reichtum zum Teil nur ein eingebildeter ist, der in Wirklichkeit nicht besteht oder nicht in dem Umfange, der das Herz der Columbianer so hoch schlagen lässt und ihnen Stolz, der an Wahnsinn grenzt, einflösst.»

Arnold Schultze hat die tropischen Exaltationen als einen Teil der unmenschlichen, d. h. die menschlichen Kräfte übersteigenden Natur Kolumbiens begriffen; ohne einen Hauch von expressionistischem Pathos war er imstande, die Maßlosigkeit und die erdrückende chaotische Vielfalt der Landschaft und deren verheerende Wirkung auf die Eroberer mit wissenschaftlicher Nüchternheit festzuhalten. Dies macht die eigentliche, literarische Größe seines Berichts aus.

Die Sorgen und Nöte von Otto Pichelmayr finden sich in gedrängter Form auf einer eingeschriebenen Postkarte aus Santa Marta vom 10. September 1929 an einen Freund in Österreich:

«Lieber Carl! Infolge der unglückseligen Politik des Landes ist eine Wirtschaftskrisis eingebrochen, die fast Europäische Aehnlichkeit hat, colossaler Beamtenabbau, darunter auch ich; alle meine Land- und Minensachen leiden darunter. Ich habe selbstständig ein Vermessungsbureau – doch großer Geldmangel im Lande.»

Versenkt

Am 25. August 1939 verläßt das Handelsschiff «Inn» den brasilianischen Hafen Pará Richtung Hamburg. Das kleine Schiff hat außer tropischer Fracht (Hartholz, 250 t Gummi und ca. 500 Häute) nur zwei Passagiere an Bord: den Naturforscher Arnold Schultze und dessen Frau Hertha, geb. Rhonhof. Das Ehepaar ist im Begriff, von einer viereinhalbjährigen Exkursion durch die Regenwälder Ecuadors nach Berlin zurückzukehren. In ihrem Gepäck befinden sich eine sehr große Sammlung seltener Herbarien für das Botanische Museum in Berlin-Dahlem sowie umfangreiche persönliche Notizen, Zeichnungen und Photographien. Ein Teil der Aufzeichnungen war schon zwei Jahre zuvor an das Botanische und das Naturkundemuseum in Berlin geschickt worden.

Kurz vor der Abfahrt empfängt das Schiff über Radio Norddeich ein verschlüsseltes Telegramm (QWA 7), in dem die im Atlantik kreuzenden deutschen Handelsschiffe vor dem drohenden Kriegsausbruch gewarnt und zu einer Kursänderung aufgefordert werden. Wenige Stunden später trifft ein weiteres Telegramm (QWA 8) ein, mit der Ordre, die Fahrt nur bei Nacht (mit Abblendlicht) fortzusetzen. Bald darauf stellt die nächsthöhere Alarmstufe (QWA 9) alles auf den Kopf: Die «Inn» kehrt nach Pará zurück, in der Absicht, binnen vier Tagen den nächstgelegenen neutralen Hafen anzusteuern. Dieses Manöver erweist sich als undurchführbar, weil das einzig in Frage kommende Gebiet, Niederländisch Guyana, wegen fehlender Seekarten nicht angesteuert werden kann. Am 29. August schließlich läuft das Schiff erneut in Richtung NO mit dem Ziel Kanarische Inseln aus. Der Brennstoff in Pará war so rationiert, daß er allenfalls bis Teneriffa ausreichen würde.

Am 3. September 1939 erklären England und Frankreich nach dem deutschen Überfall auf Polen dem Deutschen Reich den Krieg; die alliierte Atlantik-Blockade tritt in Kraft. Zu den ersten Schiffen, die unmittelbar nach der Abriegelung von der Royal Navy gestellt werden, gehören die deutschen Frachter «Olinda» und «Carl Fritzen»; sie entziehen sich der Aufbringung

Abb. linke Seite: Das Handelsschiff «Inn» (um 1936)

durch Selbstversenkung. Die «Inn» wird am 5. September auf hoher See südwestlich der Kanarischen Inseln gestoppt. Aufgrund des störrischen Verhaltens des deutschen Kapitäns lässt das Kommando der britischen «Neptune» die «Inn» eilig evakuieren und versenken.

Die Mannschaft und die beiden Passagiere werden in Dakar (Französisch West-Afrika) interniert. Aufgrund der Intervention des französischen Anthropologen Théodore Monod – einer anderen Quelle zufolge war es ein französischer protestantischer Priester – können die Schultzes nach kurzer Zeit aus Dakar abreisen und in Funchal auf Madeira Unterschlupf finden. Dort verlebt Arnold Schultze seine letzten Jahre; er arbeitet am Aufbau des naturkundlichen Museums mit und organisiert 1945 eine Ausstellung mit naturkundlichen Zeichnungen. 1948 stirbt er dreiundsiebzigjährig in Funchal.

In einem Brief an seine Angehörigen schreibt Arnold Schultze kurz nach seiner Entlassung aus der Internierung in Dakar: «Am Vormittag des 5. September wurden wir von einem englischen Flugzeug überflogen. Am Nachmittag standen wir etwa 300 Seemeilen südwestlich von Teneriffa, Kanarische Inseln, und wurden dort von einem englischen Kreuzer angehalten. Flaggenorder, Beidrehen, Stoppen, Boote aussetzen! Nur das Notdürftigste konnten wir an Wäsche retten und dazu unsere lieben Vögelchen. Das spielte sich alles in wenigen Minuten ab. Dann wurde unser Schiff durch zwölf Kanonenschüsse versenkt, mit ihm all unser Besitz, vor allen Dingen die unersetzlichen Sammlungen. Wir sind jetzt bettelarm.»

Arnold Schultze konstatiert einen Totalverlust. Erneut hat ein Krieg seine Arbeit durchkreuzt und schließlich zerstört. Hinzu kommt, daß selbst die noch vor Kriegsbeginn aus Ecuador nach Berlin-Dahlem versandten Aufzeichnungen und Herbarien bei dem Bombenangriff auf das Museum 1943 vernichtet wurden; lediglich die sehr viel kleinere Lieferung von Schmetterlingen an das Berliner Naturkundemuseum hat die Kriegszerstörungen überlebt.

Der Wissenschaftler widersetzt sich dem objektiven, materiellen Totalverlust auf die ihm einzig mögliche Weise: allein mit Hilfe spärlicher Aufzeichnungen und gestützt auf sein hervorragendes eidetisches Gedächtnis schreibt Arnold Schultze auf Madeira 1945 seine ausführlichen «Pflanzengeographischen Beobachtungen» nieder: ein staunenswertes Dokument wissenschaftlicher Prosa, das ohne die beweishaltigen, im Atlantik versenkten Belege argumentieren muß.

Wenn aber die Objekte selbst nicht mehr vorhanden sind, hilft nur noch der Rückgriff auf die Tradition. Der fünfzigseitige, mit zahlreichen botanischen und pflanzengeographischen Einzelbeobachtungen angereicherte Aufsatz steht bewußt in der Nachfolge der großen Naturforscher Lateinamerikas; diese perforieren die Schrift wie Wegmarken durch eine geistige Landschaft. So bestätigt Schultze Humboldts Beobachtungen zum Primärwald: «Was aber dieser Parklandschaft ihren eigenartigen Reiz verleiht, das ist die große Zahl der Palmen, mit ihren überschlanken hochragenden Stämmen. So haben wir das Bild von Humboldts ‹Wald über dem Walde› in seltener Ausprägung, wie es uns kaum schöner in den berühmten Wachspalmenwäldern am Quindiu-Paß der kolumbianischen Zentralkordillere oder denen der Sierra Nevada entgegentritt.» Er wandert auf den Spuren des französischen Geographen André aus den siebziger Jahren des 19. Jahrhunderts durch das Tal des Rio Pilaton; er vergleicht die Beschreibung der Tarapoto-Palme durch den Amazonas-Reisenden Henry Walter Bates (1882) mit seiner eigenen, davon abweichenden Studie; er bestätigt (und zitiert) die überwältigenden Veduten und Entdeckungen des englischen Botanikers Richard Spruce: «Eine so herrliche Vegetation wie im Walde von Canelos habe ich bei meiner ganzen Amazonasreise nicht gesehen!» Und er geht schließlich dem rätselhaften Vorkommen von Flußwalen im Rio Guejar nach, die wenige Jahre vor ihm der legendäre amerikanische Flußgeograph Hamilton Rice («It was said of him that he knew headwaters as other men knew headwaiters») erstmals erwähnt hat.

Gelegentlich tauchen in Schultzes wissenschaftlichen Beiträgen überraschende landschaftliche Vergleiche zwischen der exotischen und der heimischen (deutschen) Landschaft auf: «Dieser Wald [zwischen den Städten Pasto und Mocoa] geht bald in einen prachtvollen, von der Axt damals noch kaum angetasteten Bergwald über, in dem auch der berühmte See von Cocha mit seinen dicht bewaldeten Inseln liegt, eine romantische, fast alpin anmutenden Landschaft – man sollte den See und seine Umgebung zum Naturschutzgebiet erklären. (...) Bei San Francisco sind die Wiesen durchflossen von dem weiter oberhalb unweit des Ortes im Bergwalde entspringenden Putumayo, dessen kristallklares Wasser in seinem Geröllbett dahinrauscht wie einer der Gebirgsbäche in einer deutschen Mittelgebirgslandschaft oder im Alpenvorland. Die Illusion, als ob man sich in einer solchen nordischen Gegend befände, wird noch erhöht durch die anheimelnde Vegetation der blumigen Wiesen mit Veilchen, *Viola Humboldtii*, gelbem Hahnenfuß, Ranunculus und Weideröschen, von unseren heimischen *Epilobium augustifolium* kaum zu unterscheiden.» (Arnold Schultze, 1950)

Angesichts der unüberbrückbaren Entfernung von beiden Landschaften entbehrt diese Schilderung nicht einer melancholischen Note. Die «Illusion» wird allein durch die eine gezielt operierende Phantasie erzeugt, welche dem wissenschaftlichen Bericht eine schmerzliche Färbung gibt: Heimweh.

Der Aufsatz erscheint 1950, zwei Jahre nach Schultzes Tod, in der Fachzeitschrift «Iris», gefolgt von einem namentlich nicht gezeichneten Nachruf auf das Ehrenmitglied der Zeitschrift.

Arnold Schultze auf Madeira im Jahr 1947

Arnold Schultze – Ein Nachruf

Botanische Jahrbücher für Systematik, 1950

Arnold Schultze-Rhonhof wurde am 24. März 1875 zu Köln am Rhein als Sohn eines Offiziers geboren. Er besuchte die Gymnasien in Mainz, Koblenz und Detmold und erwarb 1895 das Zeugnis der Reife. 1896 wurde er Artillerie-Offizier. 1902 ließ er sich zum Auswärtigen Amt (Kolonialamt) kommandieren und nahm als Topograph an der deutsch-englischen Grenzexpedition in Nordkamerun teil, nach einer Vorbereitungszeit im orientalischen Seminar und an der Universität Göttingen, wo er auch Vorlesungen über Botanik hörte. 1905 wurde er zur Schutztruppe von Kamerun versetzt und war Stationsleiter in Bamenda im Grashochland und in Bascho im Quellgebiet des Cross-Flusses. 1906 schied er nach einer schweren Erkrankung aus dem Heeresdienst aus. Er studierte dann in Bonn Geographie und Naturwissenschaften und promovierte mit einer Monographie über das Sultanat Bornu, das er auf der Grenzexpedition kennengelernt hatte. Darauf nahm er an der Zweiten Deutschen Zentral-Afrika-Expedition des Herzogs Adolf Friedrich zu Mecklenburg 1910–11 teil, auf der er zusammen mit dem Botaniker Mildbraed am unteren Kongo, in Südkamerun und auf den Guinea-Inseln Fernando Poo und Annobon arbeitete. (Vgl. das Reisewerk «Vom

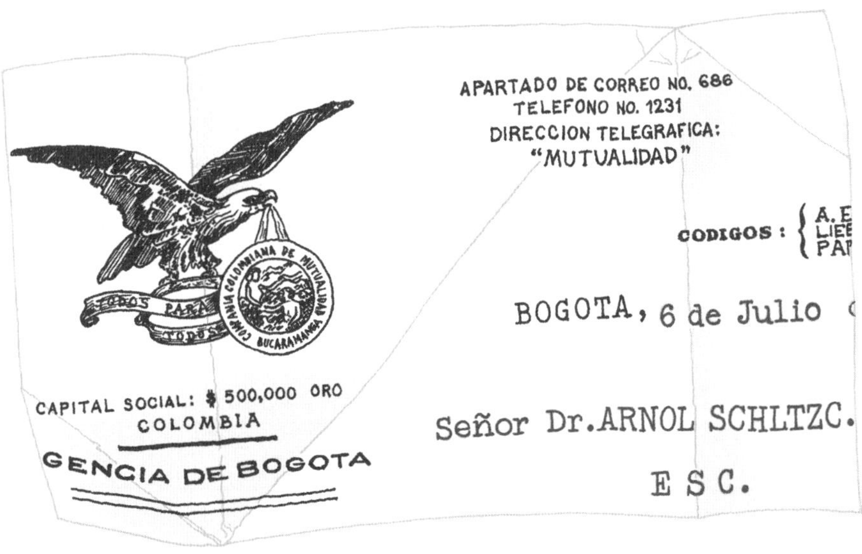

Kongo zum Niger und Nil».) Später schrieb er im Auftrag der African Silk Corporation eine Monographie der afrikanischen Seidenspinner und andere entomologische Aufsätze. Während des Ersten Weltkrieges war er als Offizier zum Dienst in der Heimat eingezogen. Da der Ausgang des Krieges jede Hoffnung auf eine Tätigkeit in den Kolonien zerstört hatte, ging Schultze 1920 nach Colombia, wo er als Topograph, Geologe, Agronom tätig war und Artikel gegen die Waldverwüstung schrieb, deren wichtigster unter dem Titel «Flammen in der Sierra Nevada de Sta. Marta» in den Mitt. der Geogr. Ges. Hamburg 1937, Band XLV, erschien. Nach kurzem Aufenthalt in der Heimat reiste er im Frühjahr 1929 zu Studien über die afrikanischen Seidenspinner nach dem Kongo. 1931 ging er nach den Balearen, wo er insbesondere botanische Sammlungen anlegte. Ende 1934 trat er mit seiner Gattin seine letzte große Reise nach Ecuador an, die nur botanischer und entomologischer Sammeltätigkeit gewidmet sein sollte.

In den Hochländern verweilte er nur kurze Zeit, weit mehr fesselte ihn der Regenwald auf der pazifischen Seite und in der Hyläa zwischen Rio Pastaza und Napo. Im Frühjahr 1939 waren die Sammlungen im wesentlichen abgeschlossen, und das Ehepaar trat die Heimreise über den Putumayo und den Amazonas an. Bald nach der Ausfahrt von Pará wurde der Dampfer «Inn» versenkt und die reiche, wissenschaftliche Ausbeute wurde ein Opfer des Meeres. Aus der Gefangenschaft in Dakar wurde Schultze mit seiner Frau wohl hauptsächlich durch die Intervention des Sahara-Forschers Monod entlassen und begab sich nach Funchal auf Madeira. Hier beschäftigten ihn Vorarbeiten zu einem Reisewerk, für das er, ein Meister des Stiftes und des Pinsels, zahlreiche Zeichnungen und Aquarelle anfertigte, die großen Beifall fanden, als er sie 1946 auf einer Ausstellung zeigte. Auch seine wirtschaftliche Lage gestaltete sich befriedigend durch Aufträge und schriftstellerische Tätigkeit auf dem Gebiet der Schädlingsbekämpfung. Als er das siebzigste Lebensjahr schon überschritten hatte, blieb er geistig ungewöhnlich regsam, heiter und voller Pläne, bis der Tod seinem arbeitsreichen Leben, in dem ihm soviel Schönes und Großartiges zu schauen vergönnt war, am 22. August 1948 ein Ziel setzte.

DRESSELHUYS

REGISTERED

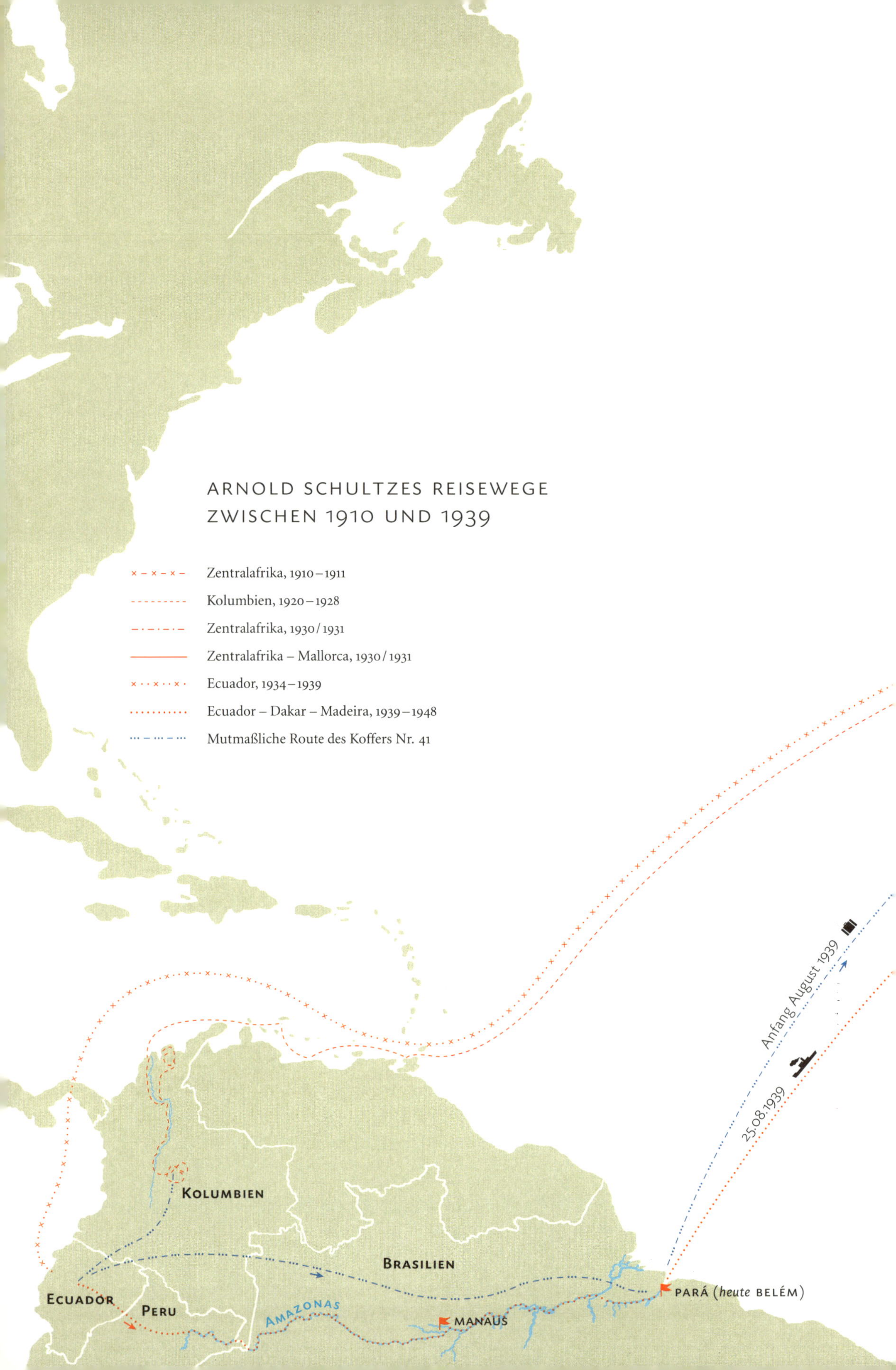
ARNOLD SCHULTZES REISEWEGE
ZWISCHEN 1910 UND 1939
Zentralafrika, 1910–1911
Kolumbien, 1920–1928
Zentralafrika, 1930/1931
Zentralafrika – Mallorca, 1930/1931
Ecuador, 1934–1939
Ecuador – Dakar – Madeira, 1939–1948
Mutmaßliche Route des Koffers Nr. 41
Anfang August 1939
25.08.1939
KOLUMBIEN
BRASILIEN
ECUADOR
PERU
AMAZONAS
MANAUS
PARÁ (heute BELÉM)

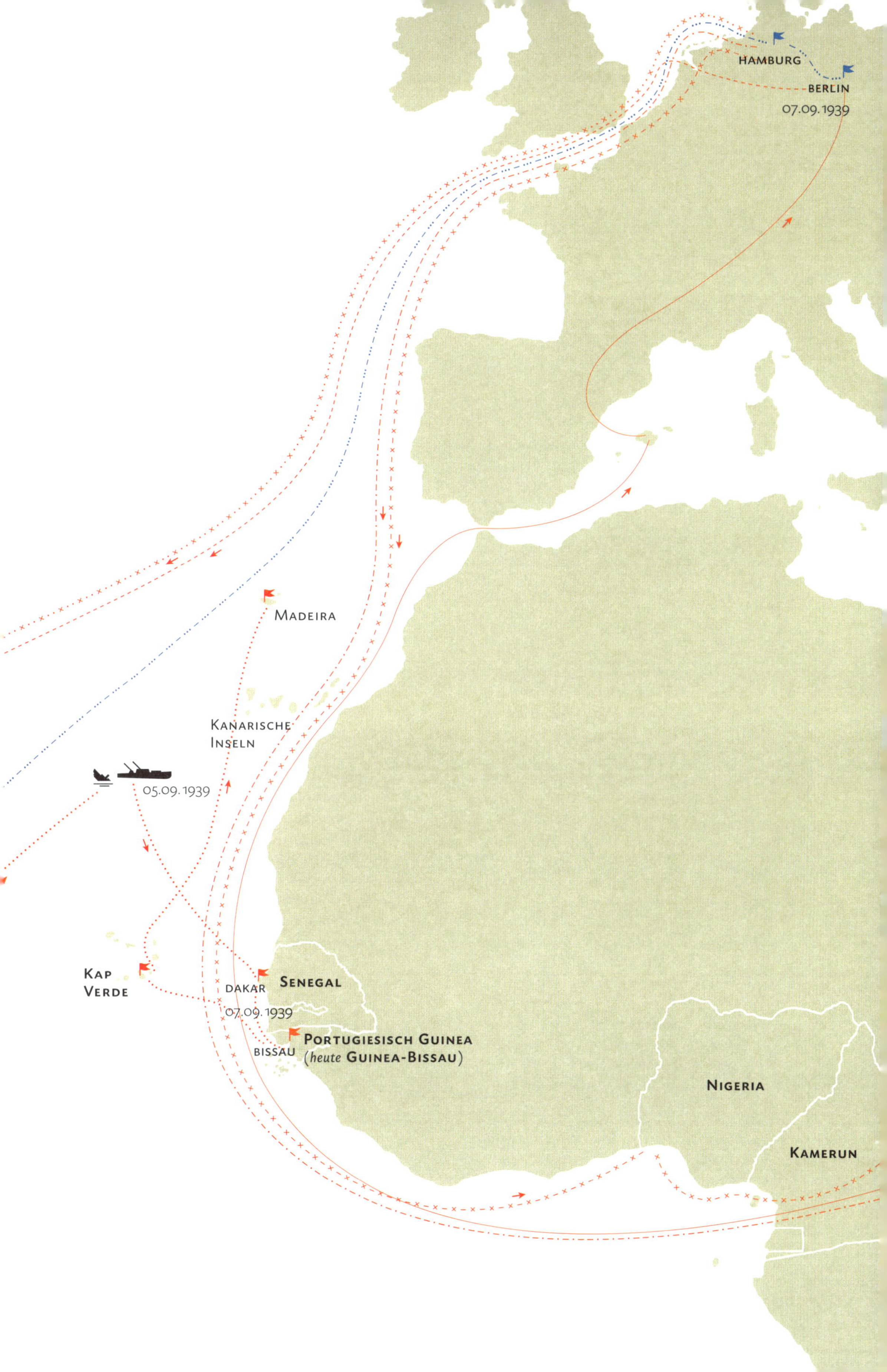

Hamburg
Berlin
07.09.1939
Madeira
Kanarische Inseln
05.09.1939
Kap Verde
Dakar
Senegal
07.09.1939
Portugiesisch Guinea
(*heute* Guinea-Bissau)
Bissau
Nigeria
Kamerun

Verzeichnis der Falter

COLOMBIA
CONSUMO
COLOMBIA
CONSUMO

Zu den Zeichnungen

Alle Abbildungen in diesem Buch sind – bis auf wenige, durch Bildunterschriften gekennzeichnete Ausnahmen – Zeichnungen nach Objekten aus dem Koffer Nr. 41, der im Naturkundemuseum Berlin verwahrt wird.

Die große Sammlung kolumbianischer Falter befand sich, als ich sie im Herbst 2006 erstmals zu Gesicht bekam, noch in exakt demselben Zustand, wie sie 1939 aus Südamerika hier angelangt war: Die Schmetterlinge lagen in ihrer Sterbehaltung – mit zusammengefalteten Flügeln – in den zu Dreiecktüten gefalteten Papieren, diese wiederum in 46 Zigarrenkisten unterschiedlichster Marken. Von den geschätzten 18.000 im Koffer befindlichen Schmetterlingen habe ich eine kleine Auswahl von etwa 87 Arten gezeichnet. Einige Exemplare sind in dem vorliegenden Buch im aufgespannten Zustand abgebildet. Diese Präparationen haben freundlicherweise Mitarbeiter des Hauses übernommen. Alle hier gezeigten Falter sind in Lebensgröße abgedruckt. (Lediglich der von Schultze benannte afrikanische Vogel ist in verkleinertem Maßstab dargestellt, dieser und ein Schmetterling (Abb. 2 S. 15) stammen zudem nicht aus dem Koffer, sondern aus den regulären Sammlungsbeständen des Naturkundemusems Berlin.) Arnold Schultzes Notizen auf den Papiertüten zu Fundort und -datum eines Schmetterlings haben wir übernommen, die von ihm oft abgekürzten Namen der Falter hingegen wurden der Vollständigkeit halber nach dem damals gültigen wissenschaftlichen Stand (Adalbert Seitz: «Die Großschmetterlinge der Erde», Stuttgart 1913–1940) neu bestimmt. Für eine bessere Zuordnung der weitverzweigten Schmetterlingsarten ist vor jedem Artnamen zusätzlich die Familie des Falters vermerkt.

Hanna Zeckau

Dank

Dieses Buch wäre ohne die großzügige Unterstützung des Museums für Naturkunde nicht zustande gekommen. Insbesondere bedanken möchten wir uns bei der Historischen Arbeitsstelle des Hauses, Frau Hannelore Landsberg und Frau Sabine Hackethal, sowie dem Leiter der Lepidopterologischen Abteilung, Herrn Wolfram Mey, und vor allem bei Frau Viola Richter und Herrn Konrad Ebert, die uns in vielen praktischen und technischen Belangen große Dienste erwiesen haben. Frau Sylke Frahnert danken wir für die Bereitstellung des Tränenbartvogels. Der wissenschaftliche Zeichner des Museums, Nils Hoff, hat uns mit seinem künstlerischen Temperament einen unbeschwerten Zugang zu den verborgenen Schönheiten des Hauses ermöglicht.

Frau Caterina Indolfo von der Bibliothek des Ibero-Amerikanischen Instituts hat uns bereitwillig mit seltenen Karten und historischer Literatur aus Südamerika versorgt. Herr Winfried Schultze und Frau Ilona Kalb vom Archiv der Humboldt-Universität und der Freien Universität Berlin haben uns aufschlussreiche Einblicke in den Nachlass von Arnold Schultze gewährt.

Martin Weinmann, Wiesbaden, hat den Werdegang dieses Buches von Anfang an unverdrossen engagiert und mit klugem Rat begleitet.

Nanne Meyer hat die Entstehung des Buches mit großem Enthusiasmus und wertvoller Kritik betreut und unterstützt; wir danken auch Matthias Gubig an dieser Stelle. Carsten Aermes und Jarek Sierpinski haben mit nimmermüdem fachlichem Rat die gestalterische Entwicklung des Buches begleitet. Ein spezieller Dank gilt Christian Zeckau für die Transkriptionen des Tagebuchs sowie Mim und Hans Gasper-Frings, die uns mit geräuschloser Generosität zur Seite standen; schließlich dankt Hanna Zeckau dem Berliner Senat für die Gewährung eines einjährigen Stipendiums.

Ausgewählte Bibliographie Arnold Schultze

zusammengestellt von Prof. Gerardo Lamas, Lima

1906 «Eine neue *Pseudacraea* aus Kamerun», Insekten-Börse

1908 «Drei neue Tagfalter aus Kamerun», Societas entomologica

1909 «Einige Bemerkungen über die Einleitung von Dr. A. Seitz zur III. Abteil.: Fauna africana von ‹Die Großschmetterlinge der Erde›, sowie Besprechung von zwei neuen Tagfalterformen aus Kamerun», Societas entomologica

1912 «Zwei neue *Liptenïden* aus dem afrikanischen Aequatorial-Urwalde», Entomologische Rundschau

1912 «Vom Kongo zum Niger und Nil. Berichte der deutschen Zentralafrikaexpedition 1910/1911», von Adolf Friedrich Herzog zu Mecklenburg, Leipzig, F. A. Brockhaus

1913 «Zwei neue melanotische Papilioformen (Aberrationen) aus Westafrika», Archiv für Naturgeschichte

1913 «Die afrikanische Hyläa, ihre Pflanzen- und Tierwelt», Bericht der Senckenbergischen Naturforschenden Gesellschaft in Frankfurt am Main

1913 «Die wichtigsten Seidenspinner Afrikas mit besonderer Berücksichtigung der Gesellschafts-spinner. Nach dem heutigen Stande der Wissenschaft», London, The African Silk Corporation Ltd.

1913 «The Sultanate of Bornu», London, H. Milford. [reprinted in 1968 in London, by Frank Cass & Co. Ltd.]

1914 «Über eine prächtige Aberration von *Papilio dardanus* Brown, *f. dionysus* Dbl. & Hew. im Kgl. Berliner Zoologischen Museum», Archiv für Naturgeschichte

1914 «Die afrikanischen Seidenspinner und ihre wirtschaftliche Bedeutung», Zeitschrift für angewandte Entomologie

1916 «Über die in den Steppen und Urwaldungen Westafrikas während der Jahre 1903/04 sowie 1905/06 von mir beobachteten Melitophilen. Ein Verzeichnis mit biologisch-zoogeographischen Anmerkungen», Archiv für Naturgeschichte

1917 «Lepidoptera. I. Teil» In: Schubotz, H. (Ed.), «Ergebnisse der zweiten deutschen Zentral-Afrika-Expedition 1910–1911 unter Führung Adolf Friedrichs Herzogs zu Mecklenburg» Zoologie. Leipzig, Klinkhardt & Biermann

1920 «Lepidoptera. II. Teil» In: Schubotz, H. (Ed.), «Ergebnisse der zweiten deutschen Zentral-Afrika-Expedition 1910–1911 unter Führung Adolf Friedrichs Herzogs zu Mecklenburg» Zoologie. Leipzig, Klinkhardt & Biermann

1923 «Los indios Guayaberos» Cromos, Bogotá

1923 «Lepidoptera.III. Teil» In: Schubotz, H. (Hg.), «Ergebnisse der zweiten deutschen Zentral-Afrika-Expedition 1910–1911 unter Führung Adolf Friedrichs Herzogs zu Mecklenburg» Zoologie. Leipzig, Klinkhardt & Biermann

1927 «Einige Beobachtungen über die Neigung zum Wandern bei den tagfliegenden Uraniden Kolumbiens», Deutsche entomologische Zeitschrift «Iris»

1927 «Eine neue Agrias-Form aus Kolumbien», Deutsche entomologische Zeitschrift «Iris»

1928 «Beobachtungen und Betrachtungen über zwei in ihrer Existenz gefährdete *Morpho*-Arten Kolumbiens, *Morpho rhodopteron v. nevadensis* und *Morpho sulkowskyi*», Deutsche entomologische Zeitschrift «Iris»

1928 «Eine weitere neue Agrias-Form aus Kolumbien», Deutsche entomologische Zeitschrift «Iris»

1930 «Die ersten Stände von drei kolumbianischen hochandinen Satyriden», Deutsche entomologische Zeitschrift «Iris»

1930 «Erlebnisse und vergleichende Betrachtungen von einer Kongo-Ubangi-Reise» Deutsche entomologische Zeitschrift «Iris»

1931 «Eine neue *Satyride* aus der Sierra Nevada de Santa Marta (Kolumbien)» Deutsche entomologische Zeitschrift «Iris»

1931 «Zwei neue Heteroceren aus Französisch-Aequatorial-Afrika», Deutsche entomologische Zeitschrift «Iris»

1933 «Etwas über die Gattung *Catasticta* und ihre Verwandten. Biologische Studien aus dem Hochlande von Kolumbien», Deutsche entomologische Zeitschrift «Iris»

1933 «Kommt *Parnassius apollo* im Hunsrück vor?», Deutsche entomologische Zeitschrift «Iris»

1934 «Über zwei Nymphaliden der Insel Mallorca», Deutsche entomologische Zeitschrift «Iris»

1935 «Über die ersten Stände von *Catasticta flisa* H. Schäff.», Deutsche entomologische Zeitschrift «Iris»

1937 «Beobachtungen über andine, besonders westekuadorianische *Heliconius*-Arten», Deutsche entomologische Zeitschrift «Iris»

1937 «Flammen in der Sierra Nevada de Santa Marta», Mitteilungen der Geographischen Gesellschaft in Hamburg

1938 «Paul Preiss. Ein Gedenkblatt», Deutsche entomologische Zeitschrift «Iris»

1938 «Beobachtungen über *Agrias* und Beschreibung von zwei neuen Formen aus dieser Gattung von Ecuador», Deutsche entomologische Zeitschrift «Iris»

1950 «Pflanzengeographische Beobachtungen aus den Regenwäldern von Ecuador und den angrenzenden Gebieten von Colombia», Botanische Jahrbücher für Systematik

Quellenverzeichnis

S. 14 Vladimir Nabokov, «Das seidige Dreieck» (Titel von Hanns Zischler) aus: Interview mit Alvin Toffler (Playboy, Jan. 1964), in: Vladimir Nabokov, *Deutliche Worte, Interviews – Leserbriefe – Aufsätze*, Gesammelte Werke Bd. 20, S. 70 f. Deutsche Übersetzung von Dieter E. Zimmer, Copyright © 1993 by Rowohlt Verlag GmbH, Reinbek bei Hamburg 1993

S. 15 Arnold Schultze, «Deutsch-Kongo und Südkamerun» in: *Vom Kongo zum Niger und Nil. Berichte der deutschen Zentralafrika-Expedition 1910/1911*, von Adolf Friedrich Herzog zu Mecklenburg, Leipzig 1914, S. 124

S. 17 – 18 Georg Thilenius, «Übersicht über die wissenschaftlichen Ergebnisse» in: *Vom Kongo zum Niger und Nil. Berichte der deutschen Zentralafrika-Expedition 1910/1911*, von Adolf Friedrich Herzog zu Mecklenburg, Leipzig 1914, S. 367 ff.

S. 23 – 24 «Colombia» in: *The Encyclopaedia Britannica*, Thirteenth Edition, vol. 5, London 1926, S. 700 – 713

S. 29 – 45 Arnold Schultze, *Reisetagebuch*, Museum für Naturkunde Berlin, Historische Bild- u. Schriftgutsammlungen (Sigel: MfN d. HUB, HBSB), Bestand: Zool. Mus. Signatur: S III. Schultze-Rhonhof, Personalia

S. 46 F. Boretius, *Europas bekannteste Schmetterlinge*, Fürth o. J., Sp. 53 – 54

S. 64 Alfred Russel Wallace, *The Malay Archipelago: The Land of the Orang-Utan and the Bird of Paradise. A Narrative of Travel, with Studies of Man and Nature*, London 1886

S. 74 Vladimir Nabokov, «Jage keine Schmetterlinge, Kind» (Titel von Hanns Zischler) in: Vladimir Nabokov, *Erinnerung, sprich – Wiedersehen mit einer Autobiographie*, Gesammelte Werke Bd. 22, S. 164 ff. Deutsche Übersetzung von Dieter E. Zimmer, Copyright © 1964, 1984, 1991 by Rowohlt Verlag GmbH, Reinbek bei Hamburg 1999

S. 79 Frederic Prokosch, *Voices. A Memoir* (1983) – *Die metaphysische Piazza – Ein Buch der Begegnungen*, dt. v. Elisabeth Piper, S. 346. © der deutschen Übersetzung: 1984 Piper Verlag GmbH, München.

S. 80 Vladimir Nabokov, «Grenzenlose Gebiete» (Titel von Hanns Zischler) in: Brian Boyd, *Vladimir Nabokov: Die amerikanischen Jahre. 1940 – 1977*, S. 170 f. Deutsche Übersetzung von Hans Wolf und Ursula Locke-Groß, Copyright für die deutsche Übersetzung © 2005 by Rowohlt Verlag GmbH, Reinbek bei Hamburg 2005

S. 96 – 98 Constantin Rauer – Originalbeitrag (2009).

S. 106 – 108 Roger Caillois, «Die Flügel der Schmetterlinge» (Titel von Hanns Zischler) in: Roger Caillois, *Méduse & Cie* (1960), S. 60 ff. Deutsche Übersetzung von Peter Geble © 2007 Verlag Brinkmann & Bose, Berlin 2007

S. 120 – 124 Robert Müller, *Tropen*, München 1915, S. 84 – 88

S. 134 Wilhelm Lehmann, «Ich wähle die trockene Art der Schilderung» (Titel von Hanns Zischler) in: Wilhelm Lehmann, *Bukolisches Tagebuch aus den Jahren 1927 – 1932* (1948), aus: Gesammelte Werke in 8 Bänden. Hrsg. v. AgatheWeigel-Lehmann u. a. Bd. 8: *Autobiographische und vermischte Schriften*, hrsg. v. Verena Kobel-Bänninger. Klett-Cotta, Stuttgart 1999

S. 145 – 233 Arnold Schultze, «Flammen in der Sierra Nevada de Santa Marta» in: *Mitteilungen der Geographischen Gesellschaft in Hamburg*, Bd. XLV., Hamburg 1937, S. 59 ff.

S. 243 – 244 *Botanische Jahrbücher für Systematik*, 1950 (anonym)

Wir danken allen Rechteinhabern für die freundliche Abdruckgenehmigung. Leider konnten nicht alle ermittelt werden. Wir bitten Sie daher, sich gegebenenfalls bei Galiani Berlin zu melden.

Über dieses Buch

Naturkundemuseum Berlin, im Jahr 2006: Hanna Zeckau und Hanns Zischler entdecken während ihrer Recherchen einen verwaisten Überseekoffer – bis an den Rand gefüllt mit Schmetterlingen! Gut achtzehntausend Falter aus dem kolumbianischen Hochland, sorgfältig verpackt in Hunderte von Zigarrenkästchen. Neugierig geworden, beginnen die beiden zu erkunden, wer der Besitzer dieses Schatzes war, und stoßen dabei auf immer neue Überraschungen.

Denn so reich und farbenfroh wie der Inhalt des Koffers war auch das Leben und Werk des Mannes, der ihn füllte: Arnold Schultze erforschte sammelnd, notierend, vermessend in den zwanziger und dreißiger Jahren des letzten Jahrhunderts erhebliche Teile Südamerikas und war zudem ein begnadeter Naturschriftsteller, Naturliebhaber und ein früher Naturschützer mit bisweilen prophetischer Weitsicht. Ein katastrophales Ereignis ist daran schuld, dass er in Vergessenheit geriet: Als Arnold Schultze gerade dabei war, die Früchte jahrzehntelanger Sammler- und Forscherarbeit auf dem Seeweg nach Deutschland zu bringen, brach 1939 der Krieg aus. Schultzes Schiff geriet in die Atlantikblockade und wurde versenkt; mit dem Frachter ging Schultzes gesamtes Lebenswerk in den Fluten des Ozeans unter. Nur seine Schmetterlingssammlung, auf anderem Weg vorausgeschickt, erreichte ihren Bestimmungsort. Schultze selbst wurde auf Madeira interniert und starb dort 1948.

Das vorliegende, von Hanna Zeckau durchgestaltete und illustrierte Buch entfaltet vor den Augen des Lesers nicht nur den spektakulären Inhalt des Schmetterlingskoffers, sondern auch das mindestens ebenso reiche Leben und Werk Arnold Schultzes.

Hanna Zeckau, Jahrgang 1978, ist Grafikerin und Illustratorin. 2007 brachte sie gemeinsam mit Carsten Aermes «Brehms verlorenes Tierleben. Illustriertes Lexikon ausgestorbener Vögel und Säugetiere» heraus, das 2008 die Bronzemedaille bei «Best book design from all over the world – International Competition» erhielt und von der Stiftung Buchkunst als «eines der schönsten Bücher 2007» prämiert wurde. Hanna Zeckau lebt und arbeitet in Berlin.

Hanns Zischler, 1947 geboren, arbeitet neben seinem Beruf als Schauspieler (für Film und Fernsehen) seit vielen Jahren als Publizist. Zu seinen Büchern zählen u.a. die in viele Sprachen übersetzte Forschungsarbeit «Kafka geht ins Kino» und, zusammen mit Sara Danius, «Nase für Neuigkeiten – Vermischte Nachrichten von James Joyce». 2006 gründete er den Alpheus Verlag wieder. 2009 erhielt er den Heinrich-Mann-Preis der Berliner Akademie der Künste.